Inhalt

Erweiterte Formelsammlung E ist beigelegt

Potenzen und Wurzeln

$1{,}0 \leqq x \leqq 10{,}0$ $\boxed{x^2}$, $\boxed{x^3}$; **$10 \leqq n \leqq 100$** $\boxed{\sqrt{n}}$, $\boxed{\sqrt[3]{n}}$

x	x^2	x^3
1,0	1,000	1,000
1,1	,210	,331
1,2	,440	1,728
1,3	,690	2,197
1,4	1,960	2,744
1,5	2,250	3,375
1,6	,560	4,096
1,7	2,890	4,913
1,8	3,240	5,832
1,9	3,610	6,859
2,0	4,000	8,000
2,1	,410	9,261
2,2	4,840	10,65
2,3	5,290	12,17
2,4	5,760	13,82
2,5	6,250	15,63
2,6	6,760	17,58
2,7	7,290	19,68
2,8	7,840	21,95
2,9	8,410	24,39
3,0	9,000	27,00
3,1	9,610	29,79
3,2	10,24	32,77
3,3	10,89	35,94
3,4	11,56	39,30
3,5	12,25	42,88
3,6	12,96	46,66
3,7	13,69	50,65
3,8	14,44	54,87
3,9	15,21	59,32
4,0	16,00	64,00
4,1	16,81	68,92
4,2	17,64	74,09
4,3	18,49	79,51
4,4	19,36	85,18
4,5	20,25	91,13
4,6	21,16	97,34
4,7	22,09	103,8
4,8	23,04	110,6
4,9	24,01	117,6
5,0	25,00	125,0
5,1	26,01	132,7
5,2	27,04	140,6
5,3	28,09	148,9
5,4	29,16	157,5
5,5	30,25	166,4

x	x^2	x^3
5,5	30,25	166,4
5,6	31,36	175,6
5,7	32,49	185,2
5,8	33,64	195,1
5,9	34,81	205,4
6,0	36,00	216,0
6,1	37,21	227,0
6,2	38,44	238,3
6,3	39,69	250,0
6,4	40,96	262,1
6,5	42,25	274,6
6,6	43,56	287,5
6,7	44,89	300,8
6,8	46,24	314,4
6,9	47,61	328,5
7,0	49,00	343,0
7,1	50,41	357,9
7,2	51,84	373,2
7,3	53,29	389,0
7,4	54,76	405,2
7,5	56,25	421,9
7,6	57,76	439,0
7,7	59,29	456,5
7,8	60,84	474,6
7,9	62,41	493,0
8,0	64,00	512,0
8,1	65,61	531,4
8,2	67,24	551,4
8,3	68,89	571,8
8,4	70,56	592,7
8,5	72,25	614,1
8,6	73,96	636,1
8,7	75,69	658,5
8,8	77,44	681,5
8,9	79,21	705,0
9,0	81,00	729,0
9,1	82,81	753,6
9,2	84,64	778,7
9,3	86,49	804,4
9,4	88,36	830,6
9,5	90,25	857,4
9,6	92,16	884,7
9,7	94,09	912,7
9,8	96,04	941,2
9,9	98,01	970,3
10	100,0	1000

n	$\sqrt{n}$	$\sqrt[3]{n}$
10	3,162	2,154
11	,317	,224
12	,464	,289
13	,606	,351
14	3,742	,410
15	3,873	2,466
16	4,000	,520
17	,123	,571
18	,243	,621
19	,359	,668
20	4,472	2,714
21	,583	,759
22	,690	,802
23	,796	,844
24	4,899	,884
25	5,000	2,924
26	5,099	2,962
27	,196	3,000
28	,292	,037
29	,385	,072
30	5,477	3,107
31	,568	,141
32	,657	,175
33	,745	,208
34	,831	,240
35	5,916	3,271
36	6,000	,302
37	,083	,332
38	,164	,362
39	,245	,391
40	6,325	3,420
41	,403	,448
42	,481	,476
43	,557	,503
44	,633	,530
45	6,708	3,557
46	,782	,583
47	,856	,609
48	6,928	,634
49	7,000	,659
50	7,071	3,684
51	,141	,708
52	,211	,733
53	,280	,756
54	,348	,780
55	7,416	3,803

n	$\sqrt{n}$	$\sqrt[3]{n}$
55	7,416	3,803
56	,483	,826
57	,550	,849
58	,616	,871
59	,681	,893
60	7,746	3,915
61	,810	,936
62	,874	,958
63	7,937	3,979
64	8,000	4,000
65	8,062	4,021
66	,124	,041
67	,185	,062
68	,246	,082
69	,307	,102
70	8,367	4,121
71	,426	,141
72	,485	,160
73	,544	,179
74	,602	,198
75	8,660	4,217
76	,718	,236
77	,775	,254
78	,832	,273
79	,888	,291
80	8,944	4,309
81	9,000	,327
82	,055	,344
83	,110	,362
84	,165	,380
85	9,220	4,397
86	,274	,414
87	,327	,431
88	,381	,448
89	,434	,465
90	9,487	4,481
91	,539	,498
92	,592	,514
93	,644	,531
94	,695	,547
95	9,747	4,563
96	,798	,579
97	9,849	,595
98	,899	,610
99	9,950	,626
100	10,00	4,642

Tafelwerte für $1 \leqq n \leqq 10$ s. S. 2

Beispiele: $4{,}9^2 = 24{,}01$; $9{,}1^3 = 753{,}6$; $\sqrt{51} = 7{,}141$; $\sqrt[3]{51} = 3{,}708$

$49^2 = 2401$; $91^3 = 753\,600$; $\sqrt{5100} = 71{,}41$; $\sqrt[3]{51\,000} = 37{,}08$

$0{,}49^2 = 0{,}2401$; $0{,}91^3 = 0{,}7536$; $\sqrt{0{,}51} = 0{,}7141$; $\sqrt[3]{0{,}051} = 0{,}3708$

Pythagoräische Zahlen

$a^2+b^2=c^2$

a	3	5	8	7	20	12	9	28	11	16	33	48	13	36	39	65	20
b	4	12	15	24	21	35	40	45	60	63	56	55	84	77	80	72	99
c	5	13	17	25	29	37	41	53	61	65	65	73	85	85	89	97	101

Beispiel: $12^2 + 35^2 = 37^2$

Winkel mit Umrechnungen

Grad 1 Vollwinkel = 360°; 1° = 60′; 1′ = 60″ (sexagesimale Teilung)
Gon 1 Vollwinkel = 400^g; $1^g = 100^c$; $1^c = 100^{cc}$ (dezimale Teilung)
Radiant 1 Vollwinkel = 2π (rad) (s. auch Formelsammlung S. 15)

Ein Winkel hat die Größe **1 Radiant (rad)** oder **1**, wenn der zum Winkel gehörende Radius r = 1 m und der zugehörige Bogen b = 1 m ist (SI-Einheit).

Grad, Minuten, Sekunden ⟷ Radiant

180°	$= \pi$	rad
	$= 3{,}14159\,26\dot{5}$	rad
1°	$= 0{,}01745\,329$	rad
1′	$= 0{,}00029\,089$	rad
1″	$= 0{,}00000\,48\bar{5}$	rad

1 rad	$= 57{,}29577\,951°$
	$= 50°\,17'\,44{,}806'$
1 rad	$= 3437{,}7467708'$
	$= 3437'\,44{,}8062''$
1 rad	$= 206264{,}8062\bar{5}''$

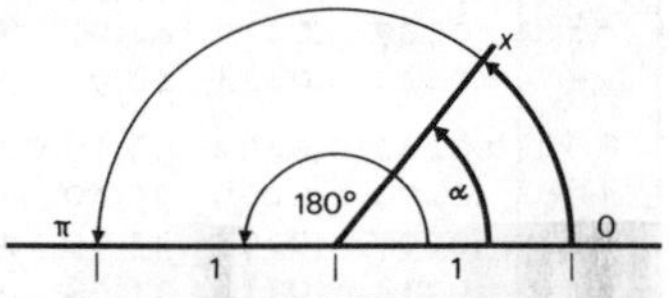

$\alpha : 180° = x : \pi$

Weitere Umrechnungen Grad, Minuten ⟷ **Radiant** ($\varphi \longleftrightarrow x$) s. S. 10/11.

Grad, Minuten, Sekunden ⟼ Dezimalteile des Grades mit Taschenrechner

$$a°\,b'\,c'' = \left(a+\frac{b}{60}+\frac{c}{60^2}\right)° = \left[a+\frac{1}{60}\left(b+\frac{c}{60}\right)\right]°$$

ALH: a | + | b | ÷ | 60 | + | c | ÷ | 60 | x² | =

AL: c | ÷ | 60 | + | b | ÷ | 60 | + | a | =

Beispiel: 7° 8′ 9″ ⟼ (°)

ALH: 7 | + | 8 | ÷ | 60 | + | 9 | ÷ | 60 | x² | = → **7,1358333** (°)

AL: 9 | ÷ | 60 | + | 8 | ÷ | 60 | + | 7 | = → **7.1358333** (°)

Dezimalteile des Grades ⟼ Minuten, Sekunden mit Taschenrechner

Beispiel: 0,259° ⟼ (′, ″)

0,259° = (0,259 · 60)′
= 15,54′
0,54′ = (0,54 · 60)″
= 32,4″

ALH und *AL:* 15 von 15.54

0.259 (°) | × | 60 | = → **15.54** (′) | − | 15 | = → 0.54 | × | 60 | = → **32.4** (″)

somit: 0,259° = 15′ 32,4″

Dezimal geteilter Grad ⟷ Radiant mit Taschenrechner

$x = \frac{\alpha \cdot \pi}{180°}$ α (°) | × | π | ÷ | 180 | = → (rad)

Beisp.: 123,4° ⟼ rad — *ALH* und *AL:* 123.4 (°) | × | π | ÷ | 180 | = → **2.1537363** (rad)

$\alpha = \frac{x \cdot 180°}{\pi}$ x (rad) | × | 180 | ÷ | π | = → (°)

Beisp.: 2,678 (rad) ⟼ (°) — 2.678 (rad) | × | 180 | ÷ | π | = → **153.4381** (°)

φ	sin φ	tan φ	cot φ	cos φ	
0,0°	0,000000		∞	1,0000·	**90,0°**
,1	,00174$\dot{5}$		572,96	,0000	89,9°
,2	,003491		286,48	,0000	,8
,3	,005236		190,98	,0000	,7
,4	,006981		143,24	,0000	,6
0,5°	0,008727		114,59	1,0000	89,5°
,6	,010472		95,49	0,9999	,4
,7	,01222		81,8$\bar{5}$	,9999	,3
,8	,01396		71,62	,9999·	,2
0,9°	0,01571		63,66	,9999	,1
1,0°	0,017$\bar{5}$	0,017$\bar{5}$	57,29	0,9998	**89,0°**
,1	,0192	,0192	52,08	,9998·	88,9°
,2	,0209	,0209	47,74	,9998	,8
,3	,0227	,0227	44,07	,9997	,7
,4	,0244	,0244	40,92	,9997·	,6
1,5°	0,0262	0,0262	38,19	0,9997	88,5°
,6	,0279	,0279	35,80	,9996·	,4
,7	,0297	,0297	33,69	,9996	,3
,8	,0314	,0314	31,82	,999$\dot{5}$·	,2
1,9°	,0332	,0332	30,14	,999$\bar{5}$	,1
2,0°	0,0349	0,0349	28,64	0,9994	**88,0°**
,1	,0366	,0367	27,27	,9993·	87,9°
,2	,0384	,0384	26,03	,9993	,8
,3	,0401	,0402	24,90	,9992	,7
,4	,0419	,0419	23,86	,9991	,6
2,5°	0,0436	0,0437	22,90	0,9990	87,5°
,6	,0454	,0454	22,02	,9990·	,4
,7	,0471	,0472	21,20	,9989	,3
,8	,0488	,0489	20,4$\bar{5}$	,9988	,2
2,9°	,0506	,0507	19,74	,9987	,1
3,0°	0,0523	0,0524	19,08	0,9986	**87,0°**
,1	,0541	,0542	18,46	,998$\dot{5}$	86,9°
,2	,0558	,0559	17,89	,9984	,8
,3	,0576	,0577	17,34	,9983	,7
,4	,0593	,0594	16,83	,9982	,6
3,5°	0,0610	0,0612	16,3$\bar{5}$	0,9981	86,5°
,6	,0628	,0629	15,89	,9980	,4
,7	,064$\dot{5}$	,0647	,46	,9979	,3
,8	,0663	,0664	15,06	,9978	,2
3,9°	,0680	,0682	14,67	,9977	,1
4,0°	0,0698	0,0699	14,30	0,9976	**86,0°**
,1	,071$\bar{5}$	,0717	13,9$\dot{5}$	,9974	85,9°
,2	,0732	,0734	,62	,9973	,8
,3	,07$\bar{5}$0	,0752	,30	,9972	,7
,4	,0767	,0769	13,00	,9971	,6
4,5°	0,078$\bar{5}$	0,0787	12,71	0,9969	85,5°
,6	,0802	,080$\bar{5}$	,43	,9968	,4
,7	,0819	,0822	12,16	,9966	,3
,8	,0837	,0840	11,91	,996$\bar{5}$	,2
4,9°	,0854	,0857	,66	,9963	,1
5,0°	0,0872	0,087$\bar{5}$	11,43	0,9962	**85,0°**
	cos φ	cot φ	tan φ	sin φ	φ

φ	sin φ	tan φ	cot φ	cos φ	
5,0°	0,0872	0,087$\bar{5}$	11,430	0,9962	**85,0°**
,1	,0889	,0892	11,20$\bar{5}$	,9960	84,9°
,2	,0906	,0910	10,988	,9959	,8
,3	,0924	,0928	,780	,9957	,7
,4	,0941	,094$\dot{5}$	,579	,9956	,6
5,5°	0,0958	0,0963	10,38$\dot{5}$	0,9954	84,5°
,6	,0976	,0981	,199	,9952	,4
,7	,0993	,0998	10,019	,9951	,3
,8	,1011	,1016	9,84$\bar{5}$	,9949	,2
5,9°	,1028	,1033	,677	,9947	,1
6,0°	0,104$\dot{5}$	0,1051	9,514	0,994$\dot{5}$	**84,0°**
,1	,1063	,1069	,357	,9943	83,9°
,2	,1080	,1086	,20$\dot{5}$	,9942	,8
,3	,1097	,1104	9,058	,9940	,7
,4	,111$\bar{5}$	,1122	8,91$\dot{5}$	,9938	,6
6,5°	0,1132	0,1139	8,777	0,9936	83,5°
,6	,1149	,1157	,643	,9934	,4
,7	,1167	,117$\bar{5}$	,513	,9932	,3
,8	,1184	,1192	,386	,9930	,2
6,9°	,1201	,1210	,264	,9928	,1
7,0°	0,1219	0,1228	8,144	0,992$\dot{5}$	**83,0°**
,1	,1236	,1246	8,028	,9923	82,9°
,2	,1253	,1263	7,916	,9921	,8
,3	,1271	,1281	,806	,9919	,7
,4	,1288	,1299	,700	,9917	,6
7,5°	0,130$\dot{5}$	0,1317	7,596	0,9914	82,5°
,6	,1323	,1334	,49$\bar{5}$	,9912	,4
,7	,1340	,1352	,396	,9910	,3
,8	,1357	,1370	,300	,9907	,2
7,9°	,1374	,1388	,207	,990$\dot{5}$	,1
8,0°	0,1392	0,140$\dot{5}$	7,11$\dot{5}$	0,9903	**82,0°**
,1	,1409	,1423	7,026	,9900	81,9°
,2	,1426	,1441	6,940	,9898	,8
,3	,1444	,1459	,85$\bar{5}$	,989$\dot{5}$	,7
,4	,1461	,1477	,772	,9893	,6
8,5°	0,1478	0,149$\bar{5}$	6,691	0,9890	81,5°
,6	,149$\dot{5}$	,1512	,612	,9888	,4
,7	,1513	,1530	,53$\dot{5}$	,988$\bar{5}$	,3
,8	,1530	,1548	,460	,9882	,2
8,9°	,1547	,1566	,386	,9880	,1
9,0°	0,1564	0,1584	6,314	0,9877	**81,0°**
,1	,1582	,1602	,243	,9874	80,9°
,2	,1599	,1620	,174	,9871	,8
,3	,1616	,1638	,107	,9869	,7
,4	,1633	,165$\dot{5}$	6,041	,9866	,6
9,5°	0,16$\dot{5}$0	0,1673	5,976	0,9863	80,5°
,6	,1668	,1691	,912	,9860	,4
,7	,168$\bar{5}$	,1709	,8$\dot{5}$0	,9857	,3
,8	,1702	,1727	,789	,9854	,2
9,9°	,1719	,174$\dot{5}$	,730	,9851	,1
10,0°	0,1736	0,1763	5,671	0,9848	**80,0°**
	cos φ	cot φ	tan φ	sin φ	φ

90,0° ≧ φ ≧ 80,0°

Beispiele: sin 8,9° = 0,1547; tan 82,1° = 7,207

φ	sin φ	tan φ	cot φ	cos φ	
10,0°	0,1736	0,1763	5,671	0,9848	**80,0°**
,1	,1754	,1781	,614	,9845	79,9°
,2	,1771	,1799	,558	,9842	,8
,3	,1788	,1817	,503	,9839	,7
,4	,1805	,1835	,449	,9836	,6
10,5°	0,1822	0,1853	5,396	0,9833	79,5°
,6	,1840	,1871	,343	,9829	,4
,7	,1857	,1890	,292	,9826	,3
,8	,1874	,1908	,242	,9823	,2
10,9°	,1891	,1926	,193	,9820	,1
11,0°	0,1908	0,1944	5,145	0,9816	**79,0°**
,1	,1925	,1962	,097	,9813	78,9°
,2	,1942	,1980	,050	,9810	,8
,3	,1959	,1998	5,005	,9806	,7
,4	,1977	,2016	4,959	,9803	,6
11,5°	0,1994	0,2035	4,915	0,9799	78,5°
,6	,2011	,2053	,872	,9796	,4
,7	,2028	,2071	,829	,9792	,3
,8	,2045	,2089	,787	,9789	,2
11,9°	,2062	,2107	,745	,9785	,1
12,0°	0,2079	0,2126	4,705	0,9781	**78,0°**
,1	,2096	,2144	,665	,9778	77,9°
,2	,2113	,2162	,625	,9774	,8
,3	,2130	,2180	,586	,9770	,7
,4	,2147	,2199	,548	,9767	,6
12,5°	0,2164	0,2217	4,511	0,9763	77,5°
,6	,2181	,2235	,474	,9759	,4
,7	,2198	,2254	,437	,9755	,3
,8	,2215	,2272	,402	,9751	,2
12,9°	,2233	,2290	,366	,9748	,1
13,0°	0,2250	0,2309	4,331	0,9744	**77,0°**
,1	,2267	,2327	,297	,9740	76,9°
,2	,2284	,2345	,264	,9736	,8
,3	,2300	,2364	,230	,9732	,7
,4	,2317	,2382	,198	,9728	,6
13,5°	0,2334	0,2401	4,165	0,9724	76,5°
,6	,2351	,2419	,134	,9720	,4
,7	,2368	,2438	,102	,9715	,3
,8	,2385	,2456	,071	,9711	,2
13,9°	,2402	,2475	,041	,9707	,1
14,0°	0,2419	0,2493	4,011	0,9703	**76,0°**
,1	,2436	,2512	3,981	,9699	75,9°
,2	,2453	,2530	,952	,9694	,8
,3	,2470	,2549	,923	,9690	,7
,4	,2487	,2568	,895	,9686	,6
14,5°	0,2504	0,2586	3,867	0,9681	75,5°
,6	,2521	,2605	,839	,9677	,4
,7	,2538	,2623	,812	,9673	,3
,8	,2554	,2642	,785	,9668	,2
14,9°	,2571	,2661	,758	,9664	,1
15,0°	0,2588	0,2679	3,732	0,9659	**75,0°**
	cos φ	cot φ	tan φ	sin φ	φ

φ	sin φ	tan φ	cot φ	cos φ	
15,0°	0,2588	0,2679	3,732	0,9659	**75,0°**
,1	,2605	,2698	,706	,9655	74,9°
,2	,2622	,2717	,681	,9650	,8
,3	,2639	,2736	,655	,9646	,7
,4	,2656	,2754	,630	,9641	,6
15,5°	0,2672	0,2773	3,606	0,9636	74,5°
,6	,2689	,2792	,582	,9632	,4
,7	,2706	,2811	,558	,9627	,3
,8	,2723	,2830	,534	,9622	,2
15,9°	,2740	,2849	,511	,9617	,1
16,0°	0,2756	0,2867	3,487	0,9613	**74,0°**
,1	,2773	,2886	,465	,9608	73,9°
,2	,2790	,2905	,442	,9603	,8
,3	,2807	,2924	,420	,9598	,7
,4	,2823	,2943	,398	,9593	,6
16,5°	0,2840	0,2962	3,376	0,9588	73,5°
,6	,2857	,2981	,354	,9583	,4
,7	,2874	,3000	,333	,9578	,3
,8	,2890	,3019	,312	,9573	,2
16,9°	,2907	,3038	,291	,9568	,1
17,0°	0,2924	0,3057	3,271	0,9563	**73,0°**
,1	,2940	,3076	,251	,9558	72,9°
,2	,2957	,3096	,230	,9553	,8
,3	,2974	,3115	,211	,9548	,7
,4	,2990	,3134	,191	,9542	,6
17,5°	0,3007	0,3153	3,172	0,9537	72,5°
,6	,3024	,3172	,152	,9532	,4
,7	,3040	,3191	,133	,9527	,3
,8	,3057	,3211	,115	,9521	,2
17,9°	,3074	,3230	,096	,9516	,1
18,0°	0,3090	0,3249	3,078	0,9511	**72,0°**
,1	,3107	,3269	,060	,9505	71,9°
,2	,3123	,3288	,042	,9500	,8
,3	,3140	,3307	,024	,9494	,7
,4	,3156	,3327	3,006	,9489	,6
18,5°	0,3173	0,3346	2,989	0,9483	71,5°
,6	,3190	,3365	,971	,9478	,4
,7	,3206	,3385	,954	,9472	,3
,8	,3223	,3404	,937	,9466	,2
18,9°	,3239	,3424	,921	,9461	,1
19,0°	0,3256	0,3443	2,904	0,9455	**71,0°**
,1	,3272	,3463	,888	,9449	70,9°
,2	,3289	,3482	,872	,9444	,8
,3	,3305	,3502	,856	,9438	,7
,4	,3322	,3522	,840	,9432	,6
19,5°	0,3338	0,3541	2,824	0,9426	70,5°
,6	,3355	,3561	,808	,9421	,4
,7	,3371	,3581	,793	,9415	,3
,8	,3387	,3600	,778	,9409	,2
19,9°	,3404	,3620	,762	,9403	,1
20,0°	0,3420	0,3640	2,747	0,9397	**70,0°**
	cos φ	cot φ	tan φ	sin φ	φ

sin φ

Lin. Interpolation: $\sin 14° \, 31' = \sin 14° \, 30' + \frac{1}{6} \cdot 17\,E$
$= 0{,}2504 + 3\,E = 0{,}2507$

$80{,}0° \geqq \varphi \geqq 70{,}0°$

φ	sin φ	tan φ	cot φ	cos φ	
20,0°	0,3420	0,3640	2,7475	0,9397	**70,0°**
,1	,3437	,3659	,7326	,9391	69,9°
,2	,3453	,3679	,7179	,9385	,8
,3	,3469	,3699	,7034	,9379	,7
,4	,3486	,3719	,6889	,9373	,6
20,5°	0,3502	0,3739	2,6746	0,9367	69,5°
,6	,3518	,3759	,6605	,9361	,4
,7	,3535	,3779	,6464	,9354	,3
,8	,3551	,3799	,6325	,9348	,2
20,9°	,3567	,3819	,6187	,9342	,1
21,0°	0,3584	0,3839	2,6051	0,9336	**69,0°**
,1	,3600	,3859	,5916	,9330	68,9°
,2	,3616	,3879	,5782	,9323	,8
,3	,3633	,3899	,5649	,9317	,7
,4	,3649	,3919	,5517	,9311	,6
21,5°	0,3665	0,3939	2,5386	0,9304	68,5°
,6	,3681	,3959	,5257	,9298	,4
,7	,3697	,3979	,5129	,9291	,3
,8	,3714	,4000	,5002	,9285	,2
21,9°	,3730	,4020	,4876	,9278	,1
22,0°	0,3746	0,4040	2,4751	0,9272	**68,0°**
,1	,3762	,4061	,4627	,9265	67,9°
,2	,3778	,4081	,4504	,9259	,8
,3	,3795	,4101	,4383	,9252	,7
,4	,3811	,4122	,4262	,9245	,6
22,5°	0,3827	0,4142	2,4142	0,9239	67,5°
,6	,3843	,4163	,4023	,9232	,4
,7	,3859	,4183	,3906	,9225	,3
,8	,3875	,4204	,3789	,9219	,2
22,9°	,3891	,4224	,3673	,9212	,1
23,0°	0,3907	0,4245	2,3559	0,9205	**67,0°**
,1	,3923	,4265	,3445	,9198	66,9°
,2	,3939	,4286	,3332	,9191	,8
,3	,3955	,4307	,3220	,9184	,7
,4	,3971	,4327	,3109	,9178	,6
23,5°	0,3987	0,4348	2,2998	0,9171	66,5°
,6	,4003	,4369	,2889	,9164	,4
,7	,4019	,4390	,2781	,9157	,3
,8	,4035	,4411	,2673	,9150	,2
23,9°	,4051	,4431	,2566	,9143	,1
24,0°	0,4067	0,4452	2,2460	0,9135	**66,0°**
,1	,4083	,4473	,2355	,9128	65,9°
,2	,4099	,4494	,2251	,9121	,8
,3	,4115	,4515	,2148	,9114	,7
,4	,4131	,4536	,2045	,9107	,6
24,5°	0,4147	0,4557	2,1943	0,9100	65,5°
,6	,4163	,4578	,1842	,9092	,4
,7	,4179	,4599	,1742	,9085	,3
,8	,4195	,4621	,1642	,9078	,2
24,9°	,4210	,4642	,1543	,9070	,1
25,0°	0,4226	0,4663	2,1445	0,9063	**65,0°**
	cos φ	cot φ	tan φ	sin φ	φ

φ	sin φ	tan φ	cot φ	cos φ	
25,0°	0,4226	0,4663	2,1445	0,9063	**65,0°**
,1	,4242	,4684	,1348	,9056	64,9°
,2	,4258	,4706	,1251	,9048	,8
,3	,4274	,4727	,1155	,9041	,7
,4	,4289	,4748	,1060	,9033	,6
25,5°	0,4305	0,4770	2,0965	0,9026	64,5°
,6	,4321	,4791	,0872	,9018	,4
,7	,4337	,4813	,0778	,9011	,3
,8	,4352	,4834	,0686	,9003	,2
25,9	,4368	,4856	,0594	,8996	,1
26,0°	0,4384	0,4877	2,0503	0,8988	**64,0°**
,1	,4399	,4899	,0413	,8980	63,9°
,2	,4415	,4921	,0323	,8973	,8
,3	,4431	,4942	,0233	,8965	,7
,4	,4446	,4964	,0145	,8957	,6
26,5°	0,4462	0,4986	2,0057	0,8949	63,5°
,6	,4478	,5008	1,9970	,8942	,4
,7	,4493	,5029	,9883	,8934	,3
,8	,4509	,5051	,9797	,8926	,2
26,9°	,4524	,5073	,9711	,8918	,1
27,0°	0,4540	0,5095	1,9626	0,8910	**63,0°**
,1	,4555	,5117	,9542	,8902	62,9°
,2	,4571	,5139	,9458	,8894	,8
,3	,4586	,5161	,9375	,8886	,7
,4	,4602	,5184	,9292	,8878	,6
27,5°	0,4617	0,5206	1,9210	0,8870	62,5°
,6	,4633	,5228	,9128	,8862	,4
,7	,4648	,5250	,9047	,8854	,3
,8	,4664	,5272	,8967	,8846	,2
27,9°	,4679	,5295	,8887	,8838	,1
28,0°	0,4695	0,5317	1,8807	0,8829	**62,0°**
,1	,4710	,5340	,8728	,8821	61,9°
,2	,4726	,5362	,8650	,8813	,8
,3	,4741	,5384	,8572	,8805	,7
,4	,4756	,5407	,8495	,8796	,6
28,5°	0,4772	0,5430	1,8418	0,8788	61,5°
,5	,4787	,5452	,8341	,8780	,4
,7	,4802	,5475	,8265	,8771	,3
,8	,4818	,5498	,8190	,8763	,2
28,9°	,4833	,5520	,8115	,8755	,1
29,0°	0,4848	0,5543	1,8040	0,8746	**61,0°**
,1	,4863	,5566	,7966	,8738	60,9°
,2	,4879	,5589	,7893	,8729	,8
,3	,4894	,5612	,7820	,8721	,7
,4	,4909	,5635	,7747	,8712	,6
29,5°	0,4924	0,5658	1,7675	0,8704	60,5°
,6	,4939	,5681	,7603	,8695	,4
,7	,4955	,5704	,7532	,8686	,3
,8	,4970	,5727	,7461	,8678	,2
29,9°	,4985	,5750	,7391	,8669	,1
30,0°	0,5000	0,5774	1,7321	0,8660	**60,0°**
	cos φ	cot φ	tan φ	sin φ	φ

Kreisfunktionen

$30{,}0° \leqq \varphi \leqq 40{,}0°$

φ	sin φ	tan φ	cot φ	cos φ	
30,0°	0,5000	0,5774	1,7321	0,8660	**60,0°**
,1	,5015̇	,5797	,7251	,8652	59,9°
,2	,5030	,5820	,7182	,8643	,8
,3	,5045̇	,5844	,7113	,8634	,7
,4	,5060	,5867	,7045̄	,8625̇	,6
30,5°	0,5075̇	0,5890	1,6977	0,8616	59,5°
,6	,5090	,5914	,6909	,8607	,4
,7	,5105̇	,5938	,6842	,8599	,3
,8	,5120	,5961	,6775̇	,8590	,2
30,9°	,5135̇	,5985̄	,6709	,8581	,1
31,0°	0,515̇0	0,6009	1,6643	0,8572	**59,0°**
,1	,5165̇	,6032	,6577	,8563	58,9°
,2	,5180	,6056	,6512	,8554	,8
,3	,5195̇	,6080	,6447	,8545̄	,7
,4	,5210	,6104	,6383	,8536	,6
31,5°	0,5225̄	0,6128	1,6319	0,8526	58,5°
,6	,5240	,6152	,6255̄	,8517	,4
,7	,5255̄	,6176	,6191	,8508	,3
,8	,5270	,6200	,6128	,8499	,2
31,9°	,5284	,6224	,6066	,8490	,1
32,0°	0,5299	0,6249	1,6003	0,8480	**58,0°**
,1	,5314	,6273	,5941	,8471	57,9°
,2	,5329	,6297	,5880	,8462	,8
,3	,5344	,6322	,5818	,8453	,7
,4	,5358	,6346	,5757	,8443	,6
32,5°	0,5373	0,6371	1,5697	0,8434	57,5°
,6	,5388	,6395̇	,5637	,8425̄	,4
,7	,5402	,6420	,5577	,8415̇	,3
,8	,5417	,6445̄	,5517	,8406	,2
32,9°	,5432	,6469	,5458	,8396	,1
33,0°	0,5446	0,6494	1,5399	0,8387	**57,0°**
,1	,5461	,6519	,5340	,8377	56,9°
,2	,5476	,6544	,5282	,8368	,8
,3	,5490	,6569	,5224	,8358	,7
,4	,5505̄	,6594	,5166	,8348	,6
33,5°	0,5519	0,6619	1,5108	0,8339	56,5°
,6	,5534	,6644	,5051	,8329	,4
,7	,5548	,6669	,4994	,8320	,3
,8	,5563	,6694	,4938	,8310	,2
33,9°	,5577	,6720	,4882	,8300	,1
34,0°	0,5592	0,6745̇	1,4826	0,8290	**56,0°**
,1	,5606	,6771	,4770	,8281	55,9°
,2	,5621	,6796	,4715̄	,8271	,8
,3	,5635̇	,6822	,4659	,8261	,7
,4	,565̄0	,6847	,4605̄	,8251	,6
34,5°	0,5664	0,6873	1,455̇0	0,8241	55,5°
,6	,5678	,6899	,4496	,8231	,4
,7	,5693	,6924	,4442	,8221	,3
,8	,5707	,695̇0	,4388	,8211	,2
34,9°	,5721	,6976	,4335̄	,8202	,1
35,0°	0,5736	0,7002	1,4281	0,8192	**55,0°**
	cos φ	cot φ	tan φ	sin φ	φ

φ	sin φ	tan φ	cot φ	cos φ	
35,0°	0,5736	0,7002	1,4281	0,8192	**55,0°**
,1	,575̇0	,7028	,4229	,8181	54,9°
,2	,5764	,7054	,4176	,8171	,8
,3	,5779	,7080	,4124	,8161	,7
,4	,5793	,7107	,4071	,8151	,6
35,5°	0,5807	0,7133	1,4019	0,8141	54,5°
,6	,5821	,7159	,3968	,8131	,4
,7	,5835̇	,7186	,3916	,8121	,3
,8	,585̄0	,7212	,3865̇	,8111	,2
35,9°	,5864	,7239	,3814	,8100	,1
36,0°	0,5878	0,7265̇	1,3764	0,8090	**54,0°**
,1	,5892	,7292	,3713	,8080	53,9°
,2	,5906	,7319	,3663	,8070	,8
,3	,5920	,7346	,3613	,8059	,7
,4	,5934	,7373	,3564	,8049	,6
36,5°	0,5948	0,7400	1,3514	0,8039	53,5°
,6	,5962	,7427	,3465̇	,8028	,4
,7	,5976	,7454	,3416	,8018	,3
,8	,5990	,7481	,3367	,8007	,2
36,9°	,6004	,7508	,3319	,7997	,1
37,0°	0,6018	0,7536	1,3270	0,7986	**53,0°**
,1	,6032	,7563	,3222	,7976	52,9°
,2	,6046	,7590	,3175̄	,7965̇	,8
,3	,6060	,7618	,3127	,7955̄	,7
,4	,6074	,7646	,3079	,7944	,6
37,5°	0,6088	0,7673	1,3032	0,7934	52,5°
,6	,6101	,7701	,2985̇	,7923	,4
,7	,6115̇	,7729	,2938	,7912	,3
,8	,6129	,7757	,2892	,7902	,2
37,9°	,6143	,7785̄	,2846	,7891	,1
38,0°	0,6157	0,7813	1,2799	0,7880	**52,0°**
,1	,6170	,7841	,2753	,7869	51,9°
,2	,6184	,7869	,2708	,7859	,8
,3	,6198	,7898	,2662	,7848	,7
,4	,6211	,7926	,2617	,7837	,6
38,5°	0,6225̇	0,7954	1,2572	0,7826	51,5°
,6	,6239	,7983	,2527	,7815̇	,4
,7	,6252	,8012	,2482	,7804	,3
,8	,6266	,8040	,2437	,7793	,2
38,9°	,6280	,8069	,2393	,7782	,1
39,0°	0,6293	0,8098	1,2349	0,7771	**51,0°**
,1	,6307	,8127	,2305̄	,7760	50,9°
,2	,6320	,8156	,2261	,7749	,8
,3	,6334	,8185̄	,2218	,7738	,7
,4	,6347	,8214	,2174	,7727	,6
39,5°	0,6361	0,8243	1,2131	0,7716	50,5°
,6	,6374	,8273	,2088	,7705̇	,4
,7	,6388	,8302	,2045̇	,7694	,3
,8	,6401	,8332	,2002	,7683	,2
39,9°	,6414	,8361	,1960	,7672	,1
40,0°	0,6428	0,8391	1,1918	0,7660	**50,0°**
	cos φ	cot φ	tan φ	sin φ	φ

$60{,}0° \geqq \varphi \geqq 50{,}0°$

40,0° ≦ φ ≦ 45,0° Kreisfunktionen

φ	sin φ	tan φ	cot φ	cos φ	
40,0°	0,6428	0,8391	1,1918	0,7660	**50,0°**
,1	,6441	,8421	,1875̇	,7649	49,9°
,2	,6455̄	,8451	,1833	,7638	,8
,3	,6468	,8481	,1792	,7627	,7
,4	,6481	,8511	,175̄0	,7615̇	,6
40,5°	0,6494	0,8541	1,1708	0,7604	49,5°
,6	,6508	,8571	,1667	,7593	,4
,7	,6521	,8601	,1626	,7581	,3
,8	,6534	,8632	,1585̇	,7570	,2
40,9°	,6547	,8662	,1544	,7559	,1
41,0°	0,6561	0,8693	1,1504	0,7547	**49,0°**
,1	,6574	,8724	,1463	,7536	48,9°
,2	,6587	,8754	,1423	,7524	,8
,3	,6600	,8785̇	,1383	,7513	,7
,4	,6613	,8816	,1343	,7501	,6
41,5°	0,6626	0,8847	1,1303	0,7490	48,5°
,6	,6639	,8878	,1263	,7478	,4
,7	,6652	,8910	,1224	,7466	,3
,8	,6665̇	,8941	,1184	,7455̄	,2
41,9°	,6678	,8972	,1145̇	,7443	,1
42,0°	0,6691	0,9004	1,1106	0,7431	**48,0°**
,1	,6704	,9036	,1067	,7420	47,9°
,2	,6717	,9067	,1028	,7408	,8
,3	,6730	,9099	,0990	,7396	,7
,4	,6743	,9131	,0951	,7385̄	,6
42,5°	0,6756	0,9163	1,0913	0,7373	47,5°
,6	,6769	,9195̇	,0875̄	,7361	,4
,7	,6782	,9228	,0837	,7349	,3
,8	,6794	,9260	,0799	,7337	,2
42,9°	,6807	,9293	,0761	,7325̇	,1
43,0°	0,6820	0,9325̇	1,0724	0,7314	**47,0°**
,1	,6833	,9358	,0686	,7302	46,9°
,2	,6845̇	,9391	,0649	,7290	,8
,3	,6858	,9424	,0612	,7278	,7
,4	,6871	,9457	,0575̄	,7266	,6
43,5°	0,6884	0,9490	1,0538	0,7254	46,5°
,6	,6896	,9523	,0501	,7242	,4
,7	,6909	,9556	,0464	,7230	,3
,8	,6921	,9590	,0428	,7218	,2
43,9°	,6934	,9623	,0392	,7206	,1
44,0°	0,6947	0,9657	1,0355̇	0,7193	**46,0°**
,1	,6959	,9691	,0319	,7181	45,9°
,2	,6972	,9725̄	,0283	,7169	,8
,3	,6984	,9759	,0247	,7157	,7
,4	,6997	,9793	,0212	,7145̄	,6
44,5°	0,7009	0,9827	1,0176	0,7133	45,5°
,6	,7022	,9861	,0141	,7120	,4
,7	,7034	,9896	,0105̇	,7108	,3
,8	,7046	,9930	,0070	,7096	,2
44,9°	,7059	,9965̇	,0035̄	,7083	,1
45,0°	0,7071	1,0000	1,0000	0,7071	**45,0°**
	cos φ	cot φ	tan φ	sin φ	φ

50,0° ≧ φ ≧ 45,0°

Grad ⟼ Radiant x (rad)

(°)	x, rad	(°)	x, rad
0°	0,00000	**50°**	0,87266
1	,01745̇	51	,89012
2	,03491	52	,90757
3	,05236	53	,92502
4	,06981	54	,94248
5°	0,08727	55°	0,95993
6	,10472	56	,97738
7	,12217	57	0,99484
8	,13963	58	1,01229
9	,15708	59	,02974
10°	0,17453	**60°**	1,04720
11	,19199	61	,06465̇
12	,20944	62	,08210
13	,22689	63	,09956
14	,24435̄	64	,11701
15°	0,26180	65°	1,13446
16	,27925̇	66	,15192
17	,29671	67	,16937
18	,31416	68	,18682
19	,33161	69	,20428
20°	0,34907	**70°**	1,22173
21	,36652	71	,23918
22	,38397	72	,25664
23	,40143	73	,27409
24	,41888	74	,29154
25°	0,43633	75°	1,30900
26	,45379	76	,32645̇
27	,47124	77	,34390
28	,48869	78	,36136
29	,50615̄	79	,37881
30°	0,52360	**80°**	1,39626
31	,54105̇	81	,41372
32	,55851	82	,43117
33	,57596	83	,44862
34	,59341	84	,46608
35°	0,61087	85°	1,48353
36	,62832	86	,50098
37	,64577	87	,51844
38	,66323	88	,53589
39	,68068	89	,55334
40°	0,69813	**90°**	1,57080
41	,71558	91	,58825̄
42	,73304	92	,60570
43	,75049	93	,62316
44	,76794	94	,64061
45°	0,78540	95°	1,65806
46	,80285̇	96	,67552
47	,82030	97	,69297
48	,83776	98	,71042
49	0,85521	99	1,72788

100°	1,74533	**300°**	5,23599
200°	3,49066	**400°**	6,98132

Beispiel: 197° 43′
= 100° + 97° + 43′
= 1,74533 + 1,69297 + 0,01251
= 3,45081 ± 3 · ½*E*

Min ⟼ x (rad)

(′)	x, rad
0′	0,00000
1	,00029
2	,00058
3	,00087
4	,00116
5′	0,00145̇
6	,00175̄
7	,00204
8	,00233
9	,00262
10′	0,00291
11	,00320
12	,00349
13	,00378
14	,00407
15′	0,00436
16	,00465̇
17	,00495̄
18	,00524
19	,00553
20′	0,00582
21	,00611
22	,00640
23	,00669
24	,00698
25′	0,00727
26	,00756
27	,00785̇
28	,00814
29	,00844
30′	0,00873
31	,00902
32	,00931
33	,00960
34	,00989
35′	0,01018
36	,01047
37	,01076
38	,01105̇
39	,01134
40′	0,01164
41	,01193
42	,01222
43	,01251
44	,01280
45′	0,01309
46	,01338
47	,01367
48	,01396
49	,01425̇
50′	0,01454
51	,01484
52	,01513
53	,01542
54	,01571
55′	0,01600
56	,01629
57	,01658
58	,01687
59	,01716
60′	0,01745̇

Kreisfunktionen (Argument x in Radiant) mit $x \longmapsto \varphi$ $0{,}0 \leqq x \leqq 10{,}0$

φ	x	sin x	tan x	cot x	cos x
0,00°	0,0	0,0000	0,0000	∞	1,0000
5,73	,1	,0998	,1003	9,9666	0,995̇0
11,46	,2	,1987	,2027	4,9332	,9801
17,19	,3	,2955̇	,3093	3,2327	,9553
22,92	,4	,3894	,4228	2,3652	,9211
28,65̄°	0,5	0,4794	0,5463	1,8305̄	0,8776
34,38	,6	,5646	,6841	,4617	,8253
40,11	,7	,6442	0,8423	1,1872	,7648
45,84	,8	,7174	1,0296	0,9712	,6967
51,57	0,9	,7833	,2602	,7936	,6216
57,30°	1,0	0,8415̄	1,5574	0,6421	0,5403
63,03	,1	,8912	1,9648	,5090	,4536
68,75̇	,2	,9320	2,5722	,3888	,3624
74,48	,3	,9636	3,6021	,2776	,2675̄
80,21	,4	,9854	5,7979	,1725̄	,1700
85,94°	1,5	0,9975̄	14,101	0,0709	0,0707
91,67	,6	,9996	34,232	0,0292	0,0292
97,40	,7	,9917	7,6966	,1299	,1288
103,13	,8	,9738	4,2863	,2333	,2272
108,86	1,9	,9463	2,9271	,3416	,3233
114,59°	2,0	0,9093	2,185̇0	0,4577	0,4161
120,32	,1	,8632	1,7098	,5848	,5048
126,05̇	,2	,8085̄	,3738	,7279	,5885̇
131,78	,3	,7457	1,1192	0,8935̄	,6663
137,51	,4	,6755̄	0,9160	1,0917	,7374
143,24°	2,5	0,5985̄	0,7470	1,3386	0,8011
148,97	,6	,5155̇	,6016	1,6622	,8569
154,70	,7	,4274	,4727	2,1154	,9041
160,43	,8	,335̄0	,3555̇	2,8127	,9422
166,16	2,9	,2392	,2464	4,0584	,9710
171,89°	3,0	0,1411	0,1425̇	7,0152	0,9900
177,62	,1	0,0416	0,0416	24,029	,9991
183,35̄	,2	0,0584	0,0585̄	17,102	,9983
189,08	,3	,1577	,1597	6,2599	,9875̄
194,81	,4	,2555̇	,2643	3,7833	,9668
200,54°	3,5	0,3508	0,3746	2,6696	0,9365̄
206,26	,6	,4425̇	,4935̄	2,0265̄	,8968
211,99	,7	,5298	,6247	1,6007	,8481
217,72	,8	,6119	,7736	,2927	,7910
223,45̇	3,9	,6878	0,9474	1,0555̄	,7259
229,18°	4,0	0,7568	1,1578	0,8637	0,6536
234,91	,1	,8183	,4235̇	,7025̄	,5748
240,64	,2	,8716	1,7778	,5625̄	,4903
246,37	,3	,9162	2,2859	,4375̄	,4008
252,10	,4	,9516	3,0963	,3230	,3073
257,83°	4,5	0,9775̇	4,6373	0,2156	0,2108
263,56	,6	,9937	8,8602	,1129	,1122
269,29	,7	,9999	80,717	0,0124	0,0124
275,02	,8	,9962	11,385̄	0,0878	0,0875̄
280,75̄	4,9	,9825̄	5,2675̇	,1898	,1865̇
286,48°	5,0	0,9589	3,3805̇	0,2958	0,2837
φ	x	sin x	tan x	cot x	cos x

φ	x	sin x	tan x	cot x	cos x
286,48°	5,0	0,9589	3,3805̇	0,2958	0,2837
292,21	,1	,9258	2,4494	,4083	,3780
297,94	,2	,8835̄	1,8856	,5303	,4685̇
303,67	,3	,8323	1,5013	,6661	,5544
309,40	,4	,7728	1,2175̇	0,8213	,6347
315,13°	5,5	0,7055̇	0,9956	1,0044	0,7087
320,86	,6	,6313	,8139	,2286	,7756
326,59	,7	,5507	,6597	,5158	,8347
332,32	,8	,4646	,5247	1,9060	,8855̇
338,05̄	5,9	,3739	,4031	2,4807	,9275̄
343,77°	6,0	0,2794	0,2910	3,4364	0,9602
349,5̇0	,1	,1822	,1853	5,3978	,9833
355,23	,2	0,0831	0,0834	11,994	,9965̇
360,96	,3	0,0168	0,0168	59,467	,9999
366,69	,4	,1165̇	,1173	8,5216	,9932
372,42°	6,5	0,2151	0,2203	4,5397	0,9766
378,15̇	,6	,3115̇	,3279	3,0501	,9502
383,88	,7	,4048	,4428	2,2586	,9144
389,61	,8	,4941	,5683	1,7595̇	,8694
395,34	6,9	,5784	,7091	,4102	,8157
401,07°	7,0	0,6570	0,8714	1,1475̇	0,7539
406,80	,1	,7290	1,0649	0,9391	,6845̇
412,53	,2	,7937	,3046	,7665̇	,6084
418,26	,3	,8504	1,6166	,6186	,5261
423,99	,4	,8987	2,0493	,4880	,4385̇
429,72°	7,5	0,9380	2,7060	0,3695̇	0,3466
435,45̄	,6	,9679	3,8523	,2596	,2513
441,18	,7	,9882	6,4429	,1552	,1534
446,91	,8	,9985̇	18,507	0,0540	0,0540
452,64	7,9	,9989	21,715̄	0,0461	0,0460
458,37°	8,0	0,9894	6,7997	0,1471	0,1455̇
464,10	,1	,9699	3,9824	,2511	,2435̇
469,83	,2	,9407	2,7737	,3605̇	,3392
475,55̇	,3	,9022	2,0914	,4782	,4314
481,28	,4	,8546	1,6457	,6076	,5193
487,01°	8,5	0,7985̄	1,3264	0,7539	0,6020
492,74	,6	,7344	1,0820	0,9242	,6787
498,47	,7	,6630	0,8856	1,1292	,7486
504,20	,8	,5849	,7211	,3867	,8111
509,93	8,9	,5010	,5789	1,7273	,8654
515,66°	9,0	0,4121	0,4523	2,2108	0,9111
521,39	,1	,3191	,3367	2,9700	,9477
527,12	,2	,2229	,2286	4,3737	,9748
532,85̇	,3	,1245̄	,1254	7,9727	,9922
538,58	,4	0,0248	0,0248	40,349	,9997
544,31°	9,5	0,0752	0,0754	13,269	0,9972
550,04	,6	,1743	,1770	5,6485̇	,9847
555,77	,7	,2718	,2824	3,5412	,9624
561,5̄0	,8	,3665̄	,3939	2,5388	,9304
567,23	9,9	,4575̇	,5146	1,9434	,8892
572,96°	10,0	0,5440	0,6484	1,5424	0,8391
φ	x	sin x	tan x	cot x	cos x

90°	$\frac{\pi}{2} = 1{,}5708$
180°	$\pi = 3{,}1416$
270°	$3 \cdot \frac{\pi}{2} = 4{,}7124$
360°	$2 \cdot \pi = 6{,}2832$
450°	$5 \cdot \frac{\pi}{2} = 7{,}8540$
540°	$3 \cdot \pi = 9{,}4248$

Beispiele: sin 2,1 = 0,8632; cos 1,8 = −0,2272

Negative Werte sind rot unterlegt.

$0{,}00 \leqq |x| \leqq 2{,}00$ Exponentialfunktion

e^x

x	e^x	e^{-x}	x	e^x	e^{-x}	x	e^x	e^{-x}	x	e^x	e^{-x}
0,00	1,0000	1,0000	**0,50**	1,649	0,606$\dot{5}$	**1,00**	2,718	0,3679	**1,50**	4,482	0,2231
,01	,0101	0,9900	,51	,66$\dot{5}$	,600$\bar{5}$	,01	,746	,3642	,51	,527	,2209
,02	,0202	,9802	,52	,682	,594$\dot{5}$	,02	,773	,3606	,52	,572	,2187
,03	,030$\bar{5}$	,9704	,53	,699	,5886	,03	,801	,3570	,53	,618	,216$\dot{5}$
,04	,0408	,9608	,54	,716	,5827	,04	,829	,353$\bar{5}$	,54	,66$\bar{5}$	,2144
0,05	1,0513	0,9512	**0,55**	1,733	0,5769	**1,05**	2,858	0,3499	**1,55**	4,711	0,2122
,06	,0618	,9418	,56	,751	,5712	,06	,886	,346$\bar{5}$	,56	,759	,2101
,07	,072$\dot{5}$	,9324	,57	,768	,565$\dot{5}$	,07	,91$\dot{5}$	,3430	,57	,807	,2080
,08	,0833	,9231	,58	,786	,5599	,08	,94$\bar{5}$	,3396	,58	,85$\bar{5}$	,2060
,09	,0942	,9139	,59	,804	,5543	,09	2,974	,3362	,59	,904	,2039
0,10	1,1052	0,9048	**0,60**	1,822	0,5488	**1,10**	3,004	0,3329	**1,60**	4,953	0,2019
,11	,1163	,8958	,61	,840	,5434	,11	,034	,3296	,61	5,003	,1999
,12	,127$\bar{5}$	,8869	,62	,859	,5379	,12	,06$\bar{5}$	,3263	,62	,053	,1979
,13	,1388	,8781	,63	,878	,5326	,13	,096	,3230	,63	,104	,1959
,14	,1503	,8694	,64	,896	,5273	,14	,127	,3198	,64	,15$\dot{5}$	,1940
0,15	1,1618	0,8607	**0,65**	1,916	0,5220	**1,15**	3,158	0,3166	**1,65**	5,207	0,1920
,16	,173$\dot{5}$	,8521	,66	,93$\bar{5}$	,5169	,16	,190	,313$\bar{5}$	,66	,259	,1901
,17	,1853	,8437	,67	,954	,5117	,17	,222	,3104	,67	,312	,1882
,18	,1972	,8353	,68	,974	,5066	,18	,254	,3073	,68	,366	,1864
,19	,2092	,8270	,69	1,994	,5016	,19	,287	,3042	,69	,419	,184$\dot{5}$
0,20	1,2214	0,8187	**0,70**	2,014	0,4966	**1,20**	3,320	0,3012	**1,70**	5,474	0,1827
,21	,2337	,8106	,71	,034	,4916	,21	,353	,2982	,71	,529	,1809
,22	,2461	,802$\dot{5}$	,72	,054	,4868	,22	,387	,2952	,72	,58$\bar{5}$	,1791
,23	,2586	,794$\dot{5}$	,73	,07$\dot{5}$	,4819	,23	,421	,2923	,73	,641	,1773
,24	,2712	,7866	,74	,096	,4771	,24	,456	,2894	,74	,697	,175$\dot{5}$
0,25	1,2840	0,7788	**0,75**	2,117	0,4724	**1,25**	3,490	0,286$\dot{5}$	**1,75**	5,75$\bar{5}$	0,1738
,26	,2969	,7711	,76	,138	,4677	,26	,52$\dot{5}$	,2837	,76	,812	,1720
,27	,3100	,7634	,77	,160	,4630	,27	,561	,2808	,77	,871	,1703
,28	,3231	,7558	,78	,181	,4584	,28	,597	,2780	,78	,930	,1686
,29	,3364	,7483	,79	,203	,4538	,29	,633	,2753	,79	5,989	,1670
0,30	1,3499	0,7408	**0,80**	2,226	0,4493	**1,30**	3,669	0,272$\dot{5}$	**1,80**	6,0$\bar{5}$0	0,1653
,31	,3634	,7334	,81	,248	,4449	,31	,706	,2698	,81	,110	,1637
,32	,3771	,7261	,82	,270	,4404	,32	,743	,2671	,82	,172	,1620
,33	,3910	,7189	,83	,293	,4360	,33	,781	,264$\bar{5}$	,83	,234	,1604
,34	,4049	,7118	,84	,316	,4317	,34	,819	,2618	,84	,297	,1588
0,35	1,4191	0,7047	**0,85**	2,340	0,4274	**1,35**	3,857	0,2592	**1,85**	6,360	0,1572
,36	,4333	,6977	,86	,363	,4232	,36	,896	,2567	,86	,424	,1557
,37	,4477	,6907	,87	,387	,4190	,37	,93$\dot{5}$	,2541	,87	,488	,1541
,38	,4623	,6839	,88	,411	,4148	,38	3,97$\bar{5}$	,2516	,88	,554	,1526
,39	,4770	,6771	,89	,43$\dot{5}$	,4107	,39	4,01$\bar{5}$	,2491	,89	,619	,1511
0,40	1,4918	0,6703	**0,90**	2,460	0,4066	**1,40**	4,05$\dot{5}$	0,2466	**1,90**	6,686	0,1496
,41	,5068	,6637	,91	,484	,402$\dot{5}$	,41	,096	,2441	,91	,753	,1481
,42	,5220	,6570	,92	,509	,398$\dot{5}$	,42	,137	,2417	,92	,821	,1466
,43	,5373	,650$\dot{5}$	,93	,53$\bar{5}$	,3946	,43	,179	,2393	,93	,890	,1451
,44	,5527	,6440	,94	,560	,3906	,44	,221	,2369	,94	6,959	,1437
0,45	1,5683	0,6376	**0,95**	2,586	0,3867	**1,45**	4,263	0,2346	**1,95**	7,029	0,1423
,46	,5841	,6313	,96	,612	,3829	,46	,306	,2322	,96	,099	,1409
,47	,6000	,62$\dot{5}$0	,97	,638	,3791	,47	,349	,2299	,97	,171	,139$\bar{5}$
,48	,6161	,6188	,98	,664	,3753	,48	,393	,2276	,98	,243	,1381
,49	,6323	,6126	0,99	,691	,3716	,49	,437	,2254	1,99	,316	,1367
0,50	1,6487	0,606$\dot{5}$	**1,00**	2,718	0,3679	**1,50**	4,482	0,2231	**2,00**	7,389	0,1353
x	e^x	e^{-x}	x	e^x	e^{-x}	x	e^x	e^{-x}	x	e^x	e^{-x}

Beispiele: $e^{0{,}89} = 2{,}43\dot{5}$ $\quad e^{-1{,}45} = 0{,}2346$

e^x

$2{,}00 \leqq |x| \leqq 3{,}50$; $3{,}5 \leqq |x| \leqq 8{,}5$

x	e^x	e^{-x}	x	e^x	e^{-x}	x	e^x	e^{-x}	x	e^x	e^{-x}
2,00	7,389	0,1353	**2,50**	12,182	0,08208	**3,00**	20,09	0,04979	**3,5**	33,12	0,03020
,01	,463	,1340	,51	,305	,08127	,01	,29	,04929	,6	36,60	,02732
,02	,538	,1327	,52	,429	,08046	,02	,49	,04880	,7	40,45	,02472
,03	,614	,1313	,53	,554	,07966	,03	,70	,04832	,8	44,70	,02237
,04	,691	,1300	,54	,680	,07887	,04	20,91	,04783	3,9	49,40	,02024
2,05	7,768	0,1287	**2,55**	12,807	0,07808	**3,05**	21,12	0,04736	**4,0**	54,60	0,01832
,06	,846	,1275	,56	12,936	,07730	,06	,33	,04689	,1	60,34	,01657
,07	7,925	,1262	,57	13,066	,07654	,07	,54	,04642	,2	66,69	,01500
,08	8,004	,1249	,58	,197	,07577	,08	,76	,04596	,3	73,70	,01357
,09	,085	,1237	,59	,330	,07502	,09	21,98	,04550	,4	81,45	,01228
2,10	8,166	0,1225	**2,60**	13,464	0,07427	**3,10**	22,20	0,04505	**4,5**	90,02	0,01111
,11	,248	,1212	,61	,599	,07353	,11	,42	,04460	,6	99,48	,01005
,12	,331	,1200	,62	,736	,07280	,12	,65	,04416	,7	109,95	,009095
,13	,415	,1188	,63	13,874	,07208	,13	22,87	,04372	,8	121,51	,008230
,14	,499	,1177	,64	14,013	,07136	,14	23,10	,04328	4,9	134,29	,007447
2,15	8,585	0,1165	**2,65**	14,154	0,07065	**3,15**	23,34	0,04285	**5,0**	148,4	0,006738
,16	,671	,1153	,66	,296	,06995	,16	,57	,04243	,1	164,0	,006097
,17	,758	,1142	,67	,440	,06925	,17	23,81	,04200	,2	181,3	,005517
,18	,846	,1130	,68	,585	,06856	,18	24,05	,04159	,3	200,3	,004992
,19	8,935	,1119	,69	,732	,06788	,19	,29	,04117	,4	221,4	,004517
2,20	9,025	0,1108	**2,70**	14,880	0,06721	**3,20**	24,53	0,04076	**5,5**	244,7	0,004087
,21	,116	,1097	,71	15,029	,06654	,21	24,78	,04036	,6	270,4	,003698
,22	,207	,1086	,72	,180	,06587	,22	25,03	,03996	,7	298,9	,003346
,23	,300	,1075	,73	,333	,06522	,23	,28	,03956	,8	330,3	,003028
,24	,393	,1065	,74	,487	,06457	,24	,53	,03916	5,9	365,0	,002739
2,25	9,488	0,1054	**2,75**	15,643	0,06393	**3,25**	25,79	0,03877	**6,0**	403,4	0,002479
,26	,583	,1044	,76	,800	,06329	,26	26,05	,03839	,1	445,9	,002243
,27	,679	,1033	,77	15,959	,06266	,27	,31	0,3801	,2	492,7	,002029
,28	,777	,1023	,78	16,119	,06204	,28	,58	,03763	,3	544,6	,001836
,29	,875	,1013	,79	,281	,06142	,29	26,84	,03725	,4	601,8	,001662
2,30	9,974	0,1003	**2,80**	16,445	0,06081	**3,30**	27,11	0,03688	**6,5**	665,1	0,001503
,31	10,074	,09926	,81	,610	,06020	,31	,39	,03652	,6	735,1	,001360
,32	,176	,09827	,82	,777	,05961	,32	,66	,03615	,7	812,4	,001231
,33	,278	,09730	,83	16,945	,05901	,33	27,94	,03579	,8	897,8	,001114
,34	,381	,09633	,84	17,116	,05843	,34	28,22	,03544	6,9	992,3	,001008
2,35	10,486	0,09537	**2,85**	17,288	0,05784	**3,35**	28,50	0,03508	**7,0**	1 097	0,0009119
,36	,591	,09442	,86	,462	,05727	,36	28,79	,03474	,1	1 212	,0008251
,37	,697	,09348	,87	,637	,05670	,37	29,08	,03439	,2	1 339	,0007466
,38	,805	,09255	,88	,814	,05613	,38	,37	,03405	,3	1 480	,0006755
,39	10,913	,09163	,89	17,993	,05558	,39	,67	,03371	,4	1 636	,0006113
2,40	11,023	0,09072	**2,90**	18,174	0,05502	**3,40**	29,96	0,03337	**7,5**	1 808	0,0005531
,41	,134	,08982	,91	,357	,05448	,41	30,27	,03304	,6	1 998	,0005005
,42	,246	,08892	,92	,541	,05393	,42	,57	,03271	,7	2 208	,0004528
,43	,359	,08804	,93	,728	,05340	,43	30,88	,03239	,8	2 441	,0004097
,44	,473	,08716	,94	18,916	,05287	,44	31,19	,03206	7,9	2 697	,0003707
2,45	11,588	0,08629	**2,95**	19,106	0,05234	**3,45**	31,50	0,03175	**8,0**	2 981	0,0003355
,46	,705	,08543	,96	,298	,05182	,46	31,82	,03143	,1	3 294	,0003035
,47	,822	,08458	,97	,492	,05130	,47	32,14	,03112	,2	3 641	,0002747
,48	11,941	,08374	,98	,688	,05079	,48	,46	,03081	,3	4 024	,0002485
,49	12,061	,08291	,99	,886	,05029	,49	32,79	,03050	,4	4 447	,0002249
2,50	12,182	0,08208	**3,00**	20,086	0,04979	**3,50**	33,12	0,03020	**8,5**	4 915	0,0002035
x	e^x	e^{-x}	x	e^x	e^{-x}	x	e^x	e^{-x}	x	e^x	e^{-x}

Lineare Interpolation: $e^{-2{,}926} = e^{-2{,}93} + 4 \cdot 5{,}3\ E = 0{,}05340 + 21\ E = 0{,}05361$

ln *n*	*n*	0	1	2	3	4	5	6	7	8	9	*D*
2,303	**10**	0000	0043	0086	0128	0170	0212	0253	0294	0334	0374	40
,398	11	0414	0453	0492	0531	0569	0607	0645̄	0682	0719	0755̇	37
,485̄	12	0792	0828	0864	0899	0934	0969	1004	1038	1072	1106	33
,565̄	13	1139	1173	1206	1239	1271	1303	1335̇	1367	1399	1430	31
,639	14	1461	1492	1523	1553	1584	1614	1644	1673	1703	1732	29
2,708	**15**	1761	1790	1818	1847	1875̇	1903	1931	1959	1987	2014	27
,773	16	2041	2068	2095̇	2122	2148	2175̄	2201	2227	2253	2279	25
,833	17	2304	2330	2355̇	2380	2405̇	2430	2455̇	2480	2504	2529	24
,890	18	2553	2577	2601	2625̄	2648	2672	2695̇	2718	2742	2765̄	23
,944	19	2788	2810	2833	2856	2878	2900	2923	2945̄	2967	2989	21
2,996	**20**	3010	3032	3054	3075̄	3096	3118	3139	3160	3181	3201	21
3,045̄	21	3222	3243	3263	3284	3304	3324	3345̄	3365̄	3385̄	3404	20
,091	22	3424	3444	3464	3484	3502	3522	3541	3560	3579	3598	19
,135̇	23	3617	3636	3655̄	3674	3692	3711	3729	3747	3766	3784	18
,178	24	3802	3820	3838	3856	3874	3892	3909	3927	3945̄	3962	17
3,219	**25**	3979	3997	4014	4031	4048	4065̇	4082	4099	4116	4133	17
,258	26	415̄0	4166	4183	4200	4216	4232	4249	4265̇	4281	4298	16
,296	27	4314	4330	4346	4362	4378	4393	4409	4425̄	4440	4456	16
,332	28	4472	4487	4502	4518	4533	4548	4564	4579	4594	4609	15
,367	29	4624	4639	4654	4669	4683	4698	4713	4728	4742	4757	14
3,401	**30**	4771	4786	4800	4814	4829	4843	4857	4871	4886	4900	14
,434	31	4914	4928	4942	4955̄	4969	4983	4997	5011	5024	5038	13
,466	32	5051	5065̇	5079	5092	5105̇	5119	5132	5145̇	5159	5172	13
,497	33	5185̇	5198	5211	5224	5237	525̇0	5263	5276	5289	5302	13
,526	34	5315̄	5328	5340	5353	5366	5378	5391	5403	5416	5428	13
3,555̇	**35**	5441	5453	5465̇	5478	5490	5502	5514	5527	5539	5551	12
,584	36	5563	5575̇	5587	5599	5611	5623	5635̄	5647	5658	5670	12
,611	37	5682	5694	5705̇	5717	5729	5740	5752	5763	5775̄	5786	12
,638	38	5798	5809	5821	5832	5843	5855̄	5866	5877	5888	5899	12
,664	39	5911	5922	5933	5944	5955̄	5966	5977	5988	5999	6010	11
3,689	**40**	6021	6031	6042	6053	6064	6075̄	6085̇	6096	6107	6117	11
,714	41	6128	6138	6149	6160	6170	6180	6191	6201	6212	6222	10
,738	42	6232	6243	6253	6263	6274	6284	6294	6304	6314	6325̄	10
,761	43	6335̄	6345̄	6355̄	6365̄	6375̄	6385̄	6395̄	6405̄	6415̄	6425̄	10
,784	44	6435̄	6444	6454	6464	6474	6484	6493	6503	6513	6522	10
3,807	**45**	6532	6542	6551	6561	6571	6580	6590	6599	6609	6618	10
,829	46	6628	6637	6646	6656	6665̇	6675̄	6684	6693	6702	6712	9
,85̇0	47	6721	6730	6739	6749	6758	6767	6776	6785̇	6794	6803	9
,871	48	6812	6821	6830	6839	6848	6857	6866	6875̇	6884	6893	9
,892	49	6902	6911	6920	6928	6937	6946	6955̄	6964	6972	6981	9
3,912	**50**	6990	6998	7007	7016	7024	7033	7042	705̇0	7059	7067	9
,932	51	7076	7084	7093	7101	7110	7118	7126	7135̄	7143	7152	8
,951	52	7160	7168	7177	7185̇	7193	7202	7210	7218	7226	7235̄	8
,970	53	7243	7251	7259	7267	7275̇	7284	7292	7300	7308	7316	8
3,989	54	7324	7332	7340	7348	7356	7364	7372	7380	7388	7396	8
4,007	**55**	7404	7412	7419	7427	7435̇	7443	7451	7459	7466	7474	8
,025̇	56	7482	7490	7497	7505̇	7513	7520	7528	7536	7543	7551	8
,043	57	7559	7566	7574	7582	7589	7597	7604	7612	7619	7627	7
,060	58	7634	7642	7649	7657	7664	7672	7679	7686	7694	7701	8
4,078	59	7709	7716	7723	7731	7738	7745̇	7752	7760	7767	7774	8
ln *n*	*n*	0	1	2	3	4	5	6	7	8	9	*D*

ln 1 ... ln 9 s. S. 2

Beispiele: lg 2,34 = 0.3692; ln 51 = 3,932

Lin. Interpolation: lg 375,0 = 2.5740; lg 376,0 = 2.5752; *D* = 12;
damit: lg 375,4 = 2.5740 + 4 · 1,2 *E* = 2.5740 + 5 *E* = 2.5745

ln *n*	*n*	0	1	2	3	4	5	6	7	8	9	*D*
4,094	**60**	7782	7789	7796	7803	7810	7818	7825̄	7832	7839	7846	7
,111	61	7853	7860	7868	7875̄	7882	7889	7896	7903	7910	7917	7
,127	62	7924	7931	7938	7945̄	7952	7959	7966	7973	7980	7987	6
,143	63	7993	8000	8007	8014	8021	8028	8035̄	8041	8048	8055̇	7
,159	64	8062	8069	8075̇	8082	8089	8096	8102	8109	8116	8122	7
4,174	**65**	8129	8136	8142	8149	8156	8162	8169	8176	8182	8189	6
,190	66	8195̇	8202	8209	8215̇	8222	8228	8235̄	8241	8248	8254	7
,205̄	67	8261	8267	8274	8280	8287	8293	8299	8306	8312	8319	6
,220	68	8325̇	8331	8338	8344	8351	8357	8363	8370	8376	8382	6
,234	69	8388	8395̄	8401	8407	8414	8420	8426	8432	8439	8445̄	6
4,248	**70**	8451	8457	8463	8470	8476	8482	8488	8494	85̇00	8506	7
,263	71	8513	8519	8525̄	8531	8537	8543	8549	8555̇	8561	8567	6
,277	72	8573	8579	8585̇	8591	8597	8603	8609	8615̇	8621	8627	6
,290	73	8633	8639	8645̇	8651	8657	8663	8669	8675̄	8681	8686	6
,304	74	8692	8698	8704	8710	8716	8722	8727	8733	8739	8745̄	6
4,317	**75**	8751	8756	8762	8768	8774	8779	8785̇	8791	8797	8802	6
,331	76	8808	8814	8820	8825̇	8831	8837	8842	8848	8854	8859	6
,344	77	8865̄	8871	8876	8882	8887	8893	8899	8904	8910	8915̇	6
,357	78	8921	8927	8932	8938	8943	8949	8954	8960	8965̇	8971	5
,369	79	8976	8982	8987	8993	8998	9004	9009	9015̄	9020	9025̇	6
4,382	**80**	9031	9036	9042	9047	9053	9058	9063	9069	9074	9079	6
,394	81	9085̄	9090	9096	9101	9106	9112	9117	9122	9128	9133	5
,407	82	9138	9143	9149	9154	9159	9165̄	9170	9175̇	9180	9186	5
,419	83	9191	9196	9201	9206	9212	9217	9222	9227	9232	9238	5
,431	84	9243	9248	9253	9258	9263	9269	9274	9279	9284	9289	5
4,443	**85**	9294	9299	9304	9309	9315̄	9320	9325̄	9330	9335̄	9340	5
,454	86	9345̄	935̇0	9355̇	9360	9365̇	9370	9375̇	9380	9385̇	9390	5
,466	87	9395̇	9400	9405̇	9410	9415̇	9420	9425̇	9430	9435̄	9440	5
,477	88	9445̄	945̄0	9455̄	9460	9465̄	9469	9474	9479	9484	9489	5
,489	89	9494	9499	9504	9509	9513	9518	9523	9528	9533	9538	4
4,5̄00	**90**	9542	9547	9552	9557	9562	9566	9571	9576	9581	9586	4
,511	91	9590	9595̇	9600	9605̄	9609	9614	9619	9624	9628	9633	5
,522	92	9638	9643	9647	9652	9657	9661	9666	9671	9675̇	9680	5
,533	93	9685̄	9689	9694	9699	9703	9708	9713	9717	9722	9727	4
,543	94	9731	9736	9741	9745̇	975̄0	9754	9759	9763	9768	9773	4
4,554	**95**	9777	9782	9786	9791	9795̇	9800	9805̄	9809	9814	9818	5
,564	96	9823	9827	9832	9836	9841	9845̇	985̄0	9854	9859	9863	5
,575̄	97	9868	9872	9877	9881	9886	9890	9894	9899	9903	9908	4
,585̄	98	9912	9917	9921	9926	9930	9934	9939	9943	9948	9952	4
,595̇	99	9956	9961	9965̇	9969	9974	9978	9983	9987	9991	9996	4
4,605̇	**100**	00000	00043	00087	00130	00173	00217	00260	00303	00346	00389	43
,615̇	101	00432	00475̇	00518	00561	00604	00647	00689	00732	00775̄	00817	43
,625̄	102	00860	00903	00945̇	00988	01030	01072	01115̄	01157	01199	01242	42
,635̄	103	01284	01326	01368	01410	01452	01494	01536	01578	01620	01662	41
,644	104	01703	01745̇	01787	01828	01870	01912	01953	01995̄	02036	02078	41
4,654	**105**	02119	02160	02202	02243	02284	02325̇	02366	02407	02449	02490	41
,663	106	02531	02572	02612	02653	02694	02735̄	02776	02816	02857	02898	40
,673	107	02938	02979	03019	03060	03100	03141	03181	03222	03262	03302	40
,682	108	03342	03383	03423	03463	03503	03543	03583	03623	03663	03703	40
4,691	109	03743	03782	03822	03862	03902	03941	03981	04021	04060	04100	40
ln *n*	*n*	0	1	2	3	4	5	6	7	8	9	*D*

lg *x*

Beispiel: ln 10,5 = ln 105 − ln 10 = 4,654 − 2,303 = 2,351; **ln 1000** = 6,90776

Andere Logarithmen, z. B. Zweierlog.: $\mathrm{lb}\, x = \dfrac{\lg x}{\lg 2}$; $\mathrm{lb}\, 5 = \dfrac{\lg 5}{\lg 2} = \dfrac{0{,}6990}{0{,}3010} = 2{,}322$

Zinsfaktoren (dekursiv)

Kapitalendwerte für Anfangskapital 1

$$q^n = \left(1+\frac{p}{100}\right)^n$$

Jahre *n*	Zinssatz *p* % 3 %	3,5 %	4 %	4,5 %	5 %	5,5 %	6 %	7 %	8 %
1	1,0300	1,0350	1,0400	1,0450	1,0500	1,0550	1,0600	1,0700	1,0800
2	,0609	,0712	,0816	,0920	,1025	,1130	,1236	,1449	,1664
3	,0927	,1087	,1249	,1412	,1576	,1742	,1910	,225̇0	,2597
4	,1255̇	,1475̇	,1699	,1925̇	,2155̇	,2388	,2625̄	,3108	,3605̄
5	1,1593	1,1877	1,2167	1,2462	1,2763	1,3070	1,3382	1,4026	1,4693
6	,1941	,2293	,2653	,3023	,3401	,3788	,4185̇	,5007	,5869
7	,2299	,2723	,3159	,3609	,4071	,4547	,5036	,6058	,7138
8	,2668	,3168	,3686	,4221	,4775̄	,5347	,5938	,7182	,8509
9	,3048	,3629	,4233	,4861	,5513	,6191	,6895̄	,8385̄	1,9990
10	1,3439	1,4106	1,4802	1,5530	1,6289	1,7081	1,7908	1,9672	2,1589
11	,3842	,4600	,5395̄	,6229	,7103	,8021	1,8983	2,1049	,3316
12	,4258	,5111	,6010	,6959	,7959	1,9012	2,0122	,2522	,5182
13	,4685̇	,5640	,6651	,7722	,8856	2,0058	,1329	,4098	,7196
14	,5126	,6187	,7317	,8519	1,9799	,1161	,2609	,5785̇	2,9372
15	1,5580	1,6753	1,8009	1,9353	2,0789	2,2325̄	2,3966	2,7590	3,1722
16	,6047	,7340	,8730	2,0224	,1829	,3553	,5404	2,9522	,4259
17	,6528	,7947	1,9479	,1134	,2920	,4848	,6928	3,1588	,7000
18	,7024	,8575̄	2,0258	,2085̄	,4066	,6215̄	2,8543	,3799	3,9960
19	,7535̇	,9225̇	,1068	,3079	,5270	,7656	3,0256	,6165̇	4,3157
20	1,8061	1,9898	2,1911	2,4117	2,6533	2,9178	3,2071	3,8697	4,6610
21	,8603	2,0594	,2788	,5202	,7860	3,0782	,3996	4,1406	5,0338
22	,9161	,1315̇	,3699	,6337	2,9253	,2475̇	,6035̇	,4304	,4365̇
23	1,9736	,2061	,4647	,7522	3,0715̇	,4262	3,8197	4,7405̇	5,8715̄
24	2,0328	,2833	,5633	2,8760	,2251	,6146	4,0489	5,0724	6,3412
25	2,0938	2,3632	2,6658	3,0054	3,3864	3,8134	4,2919	5,4274	6,8485̄
26	,1566	,4460	,7725̄	,1407	,5557	4,0231	,5494	5,8074	7,3964
27	,2213	,5316	,8834	,2820	,7335̄	,2444	4,8223	6,2139	7,9881
28	,2879	,6202	2,9987	,4297	3,9201	,4778	5,1117	6,6488	8,6271
29	,3566	,7119	3,1187	,5840	4,1161	,7241	,4184	7,1143	9,3173
30	2,4273	2,8068	3,2434	3,7453	4,3219	4,9840	5,7435̄	7,6123	10,0627
31	,5001	2,905̇0	,3731	3,9139	,5380	5,2581	6,0881	8,1451	10,8677
32	,5751	3,0067	,5081	4,0900	4,7649	,5473	,4534	8,7153	11,7371
33	,6523	,1119	,6484	,2740	5,0032	5,8524	6,8406	9,3253	12,6760
34	,7319	,2209	,7943	,4664	,2533	6,1742	7,2510	9,9781	13,6901
35	2,8139	3,3336	3,9461	4,6673	5,5160	6,5138	7,6861	10,6766	14,7853
36	,8983	,4503	4,1039	4,8774	5,7918	6,8721	8,1473	11,4239	15,9682
37	2,9852	,5710	,2681	5,0969	6,0814	7,2501	8,6361	12,2236	17,2456
38	3,0748	,6960	,4388	,3262	,3855̄	7,6488	9,1543	13,0793	18,6253
39	,1670	,8254	,6164	,5659	6,7048	8,0695̄	9,7035̇	13,9948	20,1153
40	3,2620	3,9593	4,8010	5,8164	7,0400	8,5133	10,2857	14,9745̄	21,7245̇
41	,3599	4,0978	4,9931	6,0781	,3920	8,9815̇	10,9029	16,0227	23,4625̄
42	,4607	,2413	5,1928	,3516	7,7616	9,4755̇	11,5570	17,1443	25,3395̄
43	,5645̇	,3897	,4005̄	,6374	8,1497	9,9967	12,2505̄	18,3444	27,3666
44	,6715̄	,5433	,6165̇	6,9361	,5572	10,5465̄	12,9855̄	19,6285̄	29,5560
45	3,7816	4,7024	5,8412	7,2482	8,985̇0	11,1266	13,7646	21,0025̄	31,9204
46	3,895̇0	4,8669	6,0748	,5744	9,4343	11,7385̇	14,5905̄	22,4726	34,4741
47	4,0119	5,0373	,3178	7,9153	9,9060	12,3841	15,4659	24,0457	37,2320
48	,1323	,2136	,5705̇	8,2715̄	10,4013	13,0653	16,3939	25,7289	40,2106
49	,2562	,3961	6,8333	8,6437	10,9213	13,7838	17,3775̇	27,5299	43,4274
50	4,3839	5,5849	7,1067	9,0326	11,4674	14,5420	18,4202	29,4570	46,9016

Beispiele: a) Bei einem Jahreszinssatz von 4,5 % wachsen 10 000 DM in 16 Jahren auf $K_{16} = 10\,000 \text{ DM} \cdot q^{16} = 10\,000 \text{ DM} \cdot 2{,}0224 = 20\,224 \text{ DM}$ an (Aufzinsung).

b) Bei einem Jahreszinssatz von 4 % ist der Barwert der Zusage, nach 5 Jahren 1000 DM zu zahlen, $K_0 = 1000 \text{ DM} \cdot \frac{1}{q^5} = 1000 \text{ DM} \cdot \frac{1}{1{,}2167} = 822 \text{ DM}$ (Abzinsung).

Anmerkung: Dekursiv bedeutet, daß die Zinsen jeweils am Jahresende zugeschlagen werden (Normalfall).

$$a_n = q^n \frac{q-1}{q^n-1}$$

Tilgungsfaktoren

Nachschüssige Tilgungsraten (Annuitäten) für Schuld 1

Jahre *n*	Zinssatz *p* % 3 %	3,5 %	4 %	4,5 %	5 %	5,5 %	6 %	7 %	8 %
1	1,03000	1,03500	1,04000	1,04500	1,05000	1,05500	1,06000	1,07000	1,08000
2	0,52261	0,52640	0,53020	0,53400	0,53780	0,54162	0,54544	0,55309	0,56077
3	,35353	,35693	,36035	,36377	,36721	,37065	,37411	,38105	,38803
4	,26903	,27225	,27549	,27874	,28201	,28529	,28859	,29523	0,30192
5	0,21835	0,22148	0,22463	0,22779	0,23097	0,23418	0,23740	0,24389	0,25046
6	,18460	,18767	,19076	,19388	,19702	,20018	,20336	,20980	,21632
7	,16051	,16354	,16661	,16970	,17282	,17596	,17914	,18555	,19207
8	,14246	,14548	,14853	,15161	,15472	,15786	,16104	,16747	,17401
9	,12843	,13145	,13449	,13757	,14069	,14384	,14702	,15349	,16008
10	0,11723	0,12024	0,12329	0,12638	0,12950	0,13267	0,13587	0,14238	0,14903
11	,10808	,11109	,11415	,11725	,12039	,12357	,12679	,13336	,14008
12	,10046	,10348	,10655	,10967	,11283	,11603	,11928	,12590	,13270
13	,09403	,09706	,10014	,10328	,10646	,10968	,11296	,11965	,12652
14	,08853	,09157	,09467	,09782	,10102	,10428	,10758	,11434	,12130
15	0,08377	0,08683	0,08994	0,09311	0,09634	0,09963	0,10296	0,10979	0,11683
16	,07961	,08268	,08582	,08902	,09227	,09558	,09895	,10586	,11298
17	,07595	,07904	,08220	,08542	,08870	,09204	,09544	,10243	,10963
18	,07271	,07582	,07899	,08224	,08555	,08892	,09236	,09941	,10670
19	,06981	,07294	,07614	,07941	,08275	,08615	,08962	,09675	,10413
20	0,06722	0,07036	0,07358	0,07688	0,08024	0,08368	0,08718	0,09439	0,10185
21	,06487	,06804	,07128	,07460	,07800	,08146	,08500	,09229	,09983
22	,06275	,06593	,06920	,07255	,07597	,07947	,08305	,09041	,09803
23	,06081	,06402	,06731	,07068	,07414	,07767	,08128	,08871	,09642
24	,05905	,06227	,06559	,06899	,07247	,07604	,07968	,08719	,09498
25	0,05743	0,06067	0,06401	0,06744	0,07095	0,07455	0,07823	0,08581	0,09368
26	,05594	,05921	,06257	,06602	,06956	,07319	,07690	,08456	,09251
27	,05456	,05785	,06124	,06472	,06829	,07195	,07570	,08343	,09145
28	,05329	,05660	,06001	,06352	,06712	,07081	,07459	,08239	,09049
29	,05211	,05545	,05888	,06241	,06605	,06977	,07358	,08145	,08962
30	0,05102	0,05437	0,05783	0,06139	0,06505	0,06881	0,07265	0,08059	0,08883
31	,05000	,05337	,05686	,06044	,06413	,06792	,07179	,07980	,08811
32	,04905	,05244	,05595	,05956	,06328	,06710	,07100	,07907	,08745
33	,04816	,05157	,05510	,05874	,06249	,06633	,07027	,07841	,08685
34	,04732	,05076	,05431	,05798	,06176	,06563	,06960	,07780	,08630
35	0,04654	0,05000	0,05358	0,05727	0,06107	0,06497	0,06897	0,07723	0,08580
36	,04580	,04928	,05289	,05661	,06043	,06437	,06839	,07672	,08534
37	,04511	,04861	,05224	,05598	,05984	,06380	,06786	,07624	,08492
38	04446	,04798	,05163	,05540	,05928	,06327	,06736	,07580	,08454
39	,04384	,04739	,05106	,05486	,05876	,06278	,06689	,07539	,08419
40	0,04326	0,04683	0,05052	0,05434	0,05828	0,06232	0,06646	0,07501	0,08386
41	,04271	,04630	,05002	,05386	,05782	,06189	,06606	,07466	,08356
42	,04219	,04580	,04954	,05341	,05739	,06149	,06568	,07434	,08329
43	,04170	,04533	,04909	,05298	,05699	,06111	,06533	,07404	,08303
44	,04123	,04488	,04866	,05258	,05662	,06076	,06501	,07376	,08280
45	0,04079	0,04445	0,04826	0,05220	0,05626	0,06043	0,06470	0,07350	0,08259
46	,04036	,04405	,04788	,05184	,05593	,06012	,06441	,07326	,08239
47	,03996	,04367	,04752	,05151	,05561	,05983	,06415	,07304	,08221
48	,03958	,04331	,04718	,05119	,05532	,05956	,06390	,07283	,08204
49	,03921	,04296	,04686	,05089	,05504	,05930	,06366	,07264	,08189
50	0,03887	0,04263	0,04655	0,05060	0,05478	0,05906	0,06344	0,07246	0,08174

Beispiel: Bei einem Jahreszinssatz von 3 % kann eine Schuld von 1000 DM in 20 Jahren getilgt werden, wenn am Ende jeden Jahres *(nachschüssig)* die Jahresrate $R_{20} = 1000\text{ DM} \cdot a_{20} = 1000\text{ DM} \cdot 0{,}06722 = 67{,}22\text{ DM}$ gezahlt wird.

Rentenendwertfaktoren

Endwerte nachschüssiger Jahresraten 1

$$e_n = \frac{q^n - 1}{q - 1}$$

Jahre n	Zinssatz p % 3 %	3,5 %	4 %	4,5 %	5 %	5,5 %	6 %	7 %	8 %
1	1,0000	1,0000	1,0000	1,0000	1,0000	1,0000	1,0000	1,0000	1,0000
2	2,0300	2,0350	2,0400	2,0450	2,0500	2,0550	2,0600	2,0700	2,0800
3	3,0909	3,1062	3,1216	3,1370	3,1525	3,1680	3,1836	3,2149	3,2464
4	4,1836	4,2149	4,246$\bar{5}$	4,2782	4,3101	4,3423	4,3746	4,4399	4,5061
5	5,3091	5,362$\bar{5}$	5,4163	5,4707	5,5256	5,5811	5,6371	5,7507	5,8666
6	6,4684	6,5502	6,6330	6,7169	6,8019	6,8881	6,9753	7,1533	7,3359
7	7,662$\bar{5}$	7,7794	7,8983	8,0192	8,1420	8,2669	8,3938	8,6540	8,9228
8	8,8923	9,0517	9,2142	9,3800	9,5491	9,7216	9,897$\bar{5}$	10,2598	10,6366
9	10,1591	10,368$\bar{5}$	10,5828	10,8021	11,0266	11,2563	11,4913	11,9780	12,4876
10	11,4639	11,7314	12,0061	12,2882	12,5779	12,8754	13,1808	13,8164	14,4866
11	12,8078	13,1420	13,4864	13,8412	14,2068	14,583$\bar{5}$	14,9716	15,7836	16,645$\bar{5}$
12	14,1920	14,6020	15,0258	15,4640	15,9171	16,3856	16,8699	17,888$\bar{5}$	18,9771
13	15,6178	16,1130	16,6268	17,1599	17,7130	18,2868	18,8821	20,1406	21,4953
14	17,0863	17,6770	18,2919	18,9321	19,5986	20,2926	21,0151	22,550$\bar{5}$	24,2149
15	18,5989	19,2957	20,0236	20,7841	21,5786	22,4087	23,2760	25,1290	27,1521
16	20,1569	20,9710	21,824$\dot{5}$	22,7193	23,657$\bar{5}$	24,6411	25,672$\dot{5}$	27,8881	30,3243
17	21,7616	22,70$\dot{5}$0	23,697$\dot{5}$	24,7417	25,8404	26,9964	28,2129	30,8402	33,7502
18	23,4144	24,4997	25,6454	26,8551	28,1324	29,4812	30,9057	33,9990	37,4502
19	25,1169	26,3572	27,6712	29,0636	30,5390	32,1027	33,7600	37,3790	41,4463
20	26,8704	28,2797	29,7781	31,3714	33,0660	34,8683	36,7856	40,995$\bar{5}$	45,7620
21	28,676$\bar{5}$	30,269$\bar{5}$	31,9692	33,7831	35,7193	37,7861	39,9927	44,8652	50,4229
22	30,5368	32,3289	34,2480	36,3034	38,5052	40,8643	43,3923	49,0057	55,4568
23	32,4529	34,4604	36,6179	38,9370	41,430$\bar{5}$	44,1118	46,9958	53,4361	60,8933
24	34,426$\bar{5}$	36,666$\dot{5}$	39,0826	41,6892	44,5020	47,5380	50,8156	58,1767	66,7648
25	36,4593	38,9499	41,6459	44,5652	47,7271	51,1526	54,864$\dot{5}$	63,2490	73,1059
26	38,5530	41,3131	44,3117	47,5706	51,113$\bar{5}$	54,9660	59,1564	68,676$\bar{5}$	79,9544
27	40,7096	43,7591	47,0842	50,7113	54,6691	58,9891	63,7058	74,4838	87,3508
28	42,9309	46,2906	49,9676	53,9933	58,4026	63,233$\dot{5}$	68,5281	80,6977	95,3388
29	45,2189	48,9108	52,9663	57,4230	62,3227	67,7114	73,6398	87,346$\dot{5}$	103,966
30	47,5754	51,6227	56,0849	61,0071	66,4388	72,435$\bar{5}$	79,0582	94,4608	113,283
31	50,0027	54,429$\bar{5}$	59,3283	64,7524	70,7608	77,4194	84,8017	102,073	123,346
32	52,5028	57,334$\dot{5}$	62,701$\bar{5}$	68,6662	75,2988	82,677$\bar{5}$	90,8898	110,218	134,214
33	55,0778	60,3412	66,209$\dot{5}$	72,7562	80,0638	88,2248	97,3432	118,933	145,951
34	57,7302	63,4532	69,8579	77,0303	85,0670	94,0771	104,184	128,259	158,627
35	60,4621	66,6740	73,6522	81,4966	90,3203	100,2514	111,43$\bar{5}$	138,237	172,317
36	63,2759	70,0076	77,5983	86,1640	95,8363	106,7652	119,121	148,913	187,102
37	66,1742	73,4579	81,7022	91,0413	101,628	113,6373	127,268	160,337	203,070
38	69,1594	77,0289	85,9703	96,1382	107,710	120,8873	135,904	172,561	220,316
39	72,2342	80,7249	90,4091	101,464	114,09$\dot{5}$	128,5361	145,058	185,640	238,941
40	75,4013	84,5503	95,025$\dot{5}$	107,030	120,800	136,6056	154,762	199,63$\dot{5}$	259,057
41	78,6633	88,509$\dot{5}$	99,826$\dot{5}$	112,847	127,840	145,1189	165,048	214,610	280,781
42	82,0232	92,6074	104,820	118,92$\bar{5}$	135,232	154,100$\bar{5}$	175,951	230,632	304,244
43	85,4839	96,8486	110,012	125,276	142,993	163,5760	187,508	247,776	329,583
44	89,0484	101,238	115,413	131,914	151,143	173,5727	199,758	266,121	356,9$\bar{5}$0
45	92,7199	105,782	121,029	138,8$\bar{5}$0	159,700	184,1192	212,744	285,749	386,506
46	96,501$\bar{5}$	110,484	126,871	146,098	168,68$\dot{5}$	195,2457	226,508	306,752	418,426
47	100,397	115,351	132,94$\dot{5}$	153,673	178,119	206,9842	241,099	329,224	452,900
48	104,408	120,388	139,263	161,588	188,02$\dot{5}$	219,3684	256,56$\bar{5}$	353,270	490,132
49	108,541	125,602	145,834	169,859	198,427	232,4336	272,958	378,999	530,343
50	112,797	130,998	152,667	178,503	209,348	246,217$\bar{5}$	290,336	406,529	573,770

Beispiel: Bei einem Jahreszinssatz von 3 % ist der Endwert der nachschüssig einbezahlten Jahresraten in Höhe von R = 100 DM nach 8 Jahren $E_8 = 100\ \text{DM} \cdot e_8 = 889{,}23$ DM.

Vorschüssige Zahlung: Wird die Jahresrate 1 *vorschüssig* einbezahlt, so ist der Rentenendwertfaktor $e_n^{\text{vor}} = q \cdot e_n = e_{n+1} - 1$.

Beispiel: Bei einem Jahreszinssatz von 3 % ist $e_{19}^{\text{vor}} = e_{20} - 1 = 25{,}8704$.

$$b_n = \frac{1}{q^n} \cdot \frac{q^n - 1}{q - 1}$$

Rentenbarwertfaktoren

Barwerte nachschüssiger Jahresraten 1

Jahre *n*	Zinssatz *p* % 3 %	3,5 %	4 %	4,5 %	5 %	5,5 %	6 %	7 %	8 %
1	0 9709	0,9662	0,9615	0,9569	0,0524	0,9479	0,9434	0,9346	0,9259
2	1,9135	1,8997	1,8861	1,8727	1,8594	1,8463	1,8334	1,8080	1,7833
3	2,8286	2,8016	2,7751	2,7490	2,7232	2,6979	2,6730	2,6243	2,5771
4	3,7171	3,6731	3,6299	3,5875	3,5460	3,5052	3,4651	3,3872	3,3121
5	4,5797	4,5151	4,4518	4,3900	4,3295	4,2703	4,2124	4,1002	3,9927
6	5,4172	5,3286	5,2421	5,1579	5,0757	4,9955	4,9173	4,7665	4,6229
7	6,2303	6,1145	6,0021	5,8927	5,7864	5,6830	5,5824	5,3893	5,2064
8	7,0197	6,8740	6,7327	6,5959	6,4632	6,3346	6,2098	5,9713	5,7466
9	7,7861	7,6077	7,4353	7,2688	7,1078	6,9522	6,8017	6,5152	6,2469
10	8,5302	8,3166	8,1109	7,9127	7,7217	7,5376	7,3601	7,0236	6,7101
11	9,2526	9,0016	8,7605	8,5289	8,3064	8,0925	7,8869	,4987	7,1390
12	9,9540	9,6633	9,3851	9,1186	8,8633	9,6185	8,3838	7,9427	,5361
13	10,6350	10,3027	9,9856	9,6829	9,3956	9,1171	8,8527	8,3577	7,9038
14	11,2961	10,9205	10,5631	10,2228	9,8986	9,5896	9,2950	8,7455	8,2442
15	11,9379	11,5174	11,1184	10,7395	10,3797	10,0376	9,7122	9,1079	8,5595
16	12,5611	12,0941	11,6523	11,2340	10,8378	,4622	10, 1059	,4466	8,8514
17	13,1661	12,6513	12,1657	11,7072	11,2741	10,8646	,4773	9,7632	9,1216
18	13,7535	13,1897	12,6593	12,1600	11,6896	11,2461	10,8276	10,0591	,3719
19	14,3238	13,7098	13,1339	12,5933	12,0853	,6077	11,1581	,3356	,6036
20	14,8775	14,2124	13,5903	13,0079	12,4622	11,9504	11,4699	10,5940	9,8181
21	15,4150	14,6980	14,0292	,4047	12,8212	12,2752	11,7641	10,8355	10,0168
22	15,9369	15,1671	,4511	13,7844	13,1630	,5832	12,0416	11,0612	,2007
23	16,4436	15,6204	14,8568	14,1478	,4886	12,8750	,3034	,2722	,3711
24	16,9355	16,0584	15,2470	,4955	13,7986	13,1517	,5504	,4693	,5288
25	17,4131	16,4815	15,6221	14,8282	14,0939	13,4139	12,7834	11,6536	10,6748
26	17,8768	16,8904	15,9828	15,1466	,3752	,6625	13,0032	,8258	,8100
27	18,3270	17,2854	16,3296	,4513	,6430	13,8981	,2105	11,9867	10,9352
28	18,7641	17,6670	,6631	15,7429	14,8981	14,1214	,4062	12,1371	11,0511
29	19,1885	18,0358	16,9837	16,0219	15,1411	,3331	,5907	,2777	,1584
30	19,6004	18,3920	17,2920	16,2889	15,3725	14,5337	13,7648	12,4090	11,2578
31	20,0004	18,7363	,5885	,5444	,5928	,7239	13,9291	,5318	,3498
32	,3888	19,0689	17,8736	16,7889	15,8027	14,9042	14,0840	,6466	,4350
33	20,7658	,3902	18,1476	17,0229	16,0025	15,0751	,2302	,7538	,5139
34	21,1318	19,7007	,4112	,2468	,1929	,2370	,3681	,8540	,5869
35	21,4872	20,0007	18,6646	17,4610	16,3742	15,3906	14,4982	12,9477	11,6546
36	21,8323	,2905	18,9083	,6660	,5469	,5361	,6210	13,0352	,7172
37	22,1672	,5705	19,1426	17,8622	,7113	,6740	,7368	,1170	,7752
38	,4925	20,8411	,3679	18,0500	16,8679	,8047	,8460	,1935	,8289
39	22,8082	21,1025	,5845	,2297	17,0170	15,9287	14,9491	,2649	,8786
40	23,1148	21,3551	19,7928	18,4016	17,1591	16,0461	15,0463	13,3317	11,9246
41	,4124	,5991	19,9931	,5661	,2944	,1575	,1380	,3941	11,9672
42	,7014	21,8349	20,1856	,7235	,4232	,2630	,2245	,4524	12,0067
43	23,9819	22,0627	,3708	18,8742	,5459	,3630	,3062	,5070	,0432
44	24,2543	,2828	,5488	19,0184	,6628	,4579	,3832	,5579	,0771
45	24,5187	22,4955	20,7200	19,1563	17,7741	16,5477	15,4558	13,6055	12,1084
46	24,7755	,7009	20,8847	,2884	,8801	,6329	,5244	,6500	,1374
47	25,0247	22,8994	21,0429	,4147	17,9810	,7137	,5890	,6916	,1643
48	,2667	23,0912	,1951	,5356	18,0772	,7902	,6500	,7305	,1891
49	,5017	,2766	,3415	,6513	,1687	,8628	,7076	,7668	,2122
50	25,7298	23,4556	21,4822	19,7620	18,2559	16,9315	15,7619	13,8007	12,2335

%

Beispiel: Bei einem Jahreszinssatz von 4 % ist der Barwert der 8 Jahre lang nachschüssig einbezahlten Jahresraten in Höhe von R = 100 DM
$B_6 = 100\ \text{DM} \cdot b_6 = 100\ \text{DM} \cdot 5{,}2421 = 524{,}21\ \text{DM}$.

Vorschüssige Zahlung: Wird die Jahresrate 1 *vorschüssig* einbezahlt, so ist der Barwertfaktor $b_n^{vor} = q \cdot b_n = b_{n-1} + 1$.
Beispiel: Bei einem Jahreszinssatz von 8 % ist $b_{45}^{vor} = 12{,}0771 + 1 = 13{,}0771$.

$0 \leqq n \leqq 199$

Fakultäten

n	n!	n	n!	n	n!	n	n!
0	1,00000 ★ 00	**50**	3,04141 ★ 064	**100**	9,33262 ★ 157	**150**	5,71338 ★ 262
1	1,00000 ★ 00	51	1,55112 ★ 066	101	9,4259$\overline{5}$ ★ 159	151	8,62721 ★ 264
2	2,00000 ★ 00	52	8,06582 ★ 067	102	9,61447 ★ 161	152	1,31134 ★ 267
3	6,00000 ★ 00	53	4,27488 ★ 069	103	9,90290 ★ 163	153	2,00634 ★ 269
4	2,40000 ★ 01	54	2,30844 ★ 071	104	1,02990 ★ 166	154	3,08977 ★ 271
5	1,20000 ★ 02	**55**	1,26964 ★ 073	**105**	1,08140 ★ 168	**155**	4,78914 ★ 273
6	7,20000 ★ 02	56	7,10999 ★ 074	106	1,14628 ★ 170	156	7,47106 ★ 275
7	5,04000 ★ 03	57	4,05269 ★ 076	107	1,22652 ★ 172	157	1,17296 ★ 278
8	4,03200 ★ 04	58	2,35056 ★ 078	108	1,32464 ★ 174	158	1,85327 ★ 280
9	3,62880 ★ 05	59	1,38683 ★ 080	109	1,44386 ★ 176	159	2,94670 ★ 282
10	3,62880 ★ 06	**60**	8,32099 ★ 081	**110**	1,5882$\overline{5}$ ★ 178	**160**	4,71472 ★ 284
11	3,99168 ★ 07	61	5,07580 ★ 083	111	1,7629$\dot{5}$ ★ 180	161	7,59071 ★ 286
12	4,79002 ★ 08	62	3,14700 ★ 085	112	1,97451 ★ 182	162	1,22969 ★ 289
13	6,22702 ★ 09	63	1,98261 ★ 087	113	2,23119 ★ 184	163	2,00440 ★ 291
14	8,71783 ★ 10	64	1,26887 ★ 089	114	2,54356 ★ 186	164	3,28722 ★ 293
15	1,30767 ★ 12	**65**	8,2476$\dot{5}$ ★ 090	**115**	2,92509 ★ 188	**165**	5,42391 ★ 295
16	2,09228 ★ 13	66	5,4434$\overline{5}$ ★ 092	116	3,39311 ★ 190	166	9,00369 ★ 297
17	3,55687 ★ 14	67	3,64711 ★ 094	117	3,96994 ★ 192	167	1,50362 ★ 300
18	6,40237 ★ 15	68	2,48004 ★ 096	118	4,68453 ★ 194	168	2,52608 ★ 302
19	1,2164$\dot{5}$ ★ 17	69	1,71122 ★ 098	119	5,57459 ★ 196	169	4,26907 ★ 304
20	2,43290 ★ 18	**70**	1,19786 ★ 100	**120**	6,689$\dot{5}$0 ★ 198	**170**	7,25742 ★ 306
21	5,10909 ★ 19	71	8,50479 ★ 101	121	8,09430 ★ 200	171	1,24102 ★ 309
22	1,12400 ★ 21	72	6,1234$\overline{5}$ ★ 103	122	9,87504 ★ 202	172	2,1345$\dot{5}$ ★ 311
23	2,58520 ★ 22	73	4,47012 ★ 105	123	1,21463 ★ 205	173	3,69277 ★ 313
24	6,20448 ★ 23	74	3,30789 ★ 107	124	1,50614 ★ 207	174	6,42543 ★ 315
25	1,55112 ★ 25	**75**	2,48091 ★ 109	**125**	1,88268 ★ 209	**175**	1,1244$\overline{5}$ ★ 318
26	4,03291 ★ 26	76	1,88549 ★ 111	126	2,37217 ★ 211	176	1,97903 ★ 320
27	1,08889 ★ 28	77	1,45183 ★ 113	127	3,01266 ★ 213	177	3,50289 ★ 322
28	3,04888 ★ 29	78	1,13243 ★ 115	128	3,85620 ★ 215	178	6,23514 ★ 324
29	8,84176 ★ 30	79	8,94618 ★ 116	129	4,974$\dot{5}$0 ★ 217	179	1,11609 ★ 327
30	2,65253 ★ 32	**80**	7,1569$\overline{5}$ ★ 118	**130**	6,46686 ★ 219	**180**	2,00896 ★ 329
31	8,22284 ★ 33	81	5,79713 ★ 120	131	8,47158 ★ 221	181	3,63622 ★ 331
32	2,63131 ★ 35	82	4,75364 ★ 122	132	1,1182$\overline{5}$ ★ 224	182	6,61792 ★ 333
33	8,68332 ★ 36	83	3,94552 ★ 124	133	1,48727 ★ 226	183	1,21108 ★ 336
34	2,95233 ★ 38	84	3,31424 ★ 126	134	1,99294 ★ 228	184	2,22839 ★ 338
35	1,03331 ★ 40	**85**	2,81710 ★ 128	**135**	2,69047 ★ 230	**185**	4,12251 ★ 340
36	3,71993 ★ 41	86	2,42271 ★ 130	136	3,65904 ★ 232	186	7,66787 ★ 342
37	1,37638 ★ 43	87	2,10776 ★ 132	137	5,01289 ★ 234	187	1,43389 ★ 345
38	5,23023 ★ 44	88	1,85483 ★ 134	138	6,91779 ★ 236	188	2,69572 ★ 347
39	2,03979 ★ 46	89	1,65080 ★ 136	139	9,61572 ★ 238	189	5,09491 ★ 349
40	8,1591$\dot{5}$ ★ 47	**90**	1,48572 ★ 138	**140**	1,34620 ★ 241	**190**	9,68032 ★ 351
41	3,3452$\dot{5}$ ★ 49	91	1,35200 ★ 140	141	1,89814 ★ 243	191	1,84894 ★ 354
42	1,40501 ★ 51	92	1,24384 ★ 142	142	2,69536 ★ 245	192	3,54997 ★ 356
43	6,04153 ★ 52	93	1,15677 ★ 144	143	3,85437 ★ 247	193	6,85144 ★ 358
44	2,65827 ★ 54	94	1,08737 ★ 146	144	5,55029 ★ 249	194	1,32918 ★ 361
45	1,19622 ★ 56	**95**	1,03300 ★ 148	**145**	8,04793 ★ 251	**195**	2,59190 ★ 363
46	5,50262 ★ 57	96	9,91678 ★ 149	146	1,17$\overline{5}$00 ★ 254	196	5,08012 ★ 365
47	2,58623 ★ 59	97	9,61928 ★ 151	147	1,7272$\overline{5}$ ★ 256	197	1,00078 ★ 368
48	1,24139 ★ 61	98	9,42689 ★ 153	148	2,55632 ★ 258	198	1,9815$\dot{5}$ ★ 370
49	6,08282 ★ 62	99	9,33262 ★ 155	149	3,80892 ★ 260	199	3,94329 ★ 372
n	n!	n	n!	n	n!	n	n!

Beispiele: $59! = 1{,}38683 \star 080 = 1{,}38683 \cdot 10^{80}$; $186! = 7{,}66787 \cdot 10^{342}$

Fakultäten

n	n!	n	n!	n	n!	n	n!
200	7,88658 ★374	**250**	3,23286 ★492	**300**	3,06058 ★614	**350**	1,23587 ★740
201	1,58520 ★377	251	8,11447 ★494	301	9,21233 ★616	351	4,33792 ★742
202	3,20211 ★379	252	2,0448$\overline{5}$ ★497	302	2,78212 ★619	352	1,5269$\overline{5}$ ★745
203	6,50028 ★381	253	5,17346 ★499	303	8,42984 ★621	353	5,39012 ★747
204	1,32606 ★384	254	1,31406 ★502	304	2,56267 ★624	354	1,90810 ★750
205	2,71842 ★386	**255**	3,3508$\dot{5}$ ★504	**305**	7,81614 ★626	**355**	6,77377 ★752
206	5,59994 ★388	256	8,57818 ★506	306	2,39174 ★629	356	2,41146 ★755
207	1,15919 ★391	257	2,20459 ★509	307	7,34264 ★631	357	8,60892 ★757
208	2,41111 ★393	258	5,6878$\overline{5}$ ★511	308	2,26153 ★634	358	3,08199 ★760
209	5,03922 ★395	259	1,4731$\dot{5}$ ★514	309	6,98814 ★636	359	1,10644 ★763
210	1,05284 ★398	**260**	3,83020 ★516	**310**	2,16632 ★639	**360**	3,98317 ★765
211	2,23288 ★400	261	9,99681 ★518	311	6,73726 ★641	361	1,43792 ★768
212	4,73370 ★402	262	2,61916 ★521	312	2,10203 ★644	362	5,20528 ★770
213	1,00828 ★405	263	6,88840 ★523	313	6,57934 ★646	363	1,88952 ★773
214	2,15772 ★407	264	1,81854 ★526	314	2,06591 ★649	364	6,87784 ★775
215	4,63909 ★409	**265**	4,81913 ★528	**315**	6,50763 ★651	**365**	2,51041 ★778
216	1,00204 ★412	266	1,28189 ★531	316	2,05641 ★654	366	9,18811 ★780
217	2,17443 ★414	267	3,42264 ★533	317	6,51882 ★656	367	3,37204 ★783
218	4,74027 ★416	268	9,17268 ★535	318	2,07299 ★659	368	1,24091 ★786
219	1,03812 ★419	269	2,4674$\overline{5}$ ★538	319	6,61282 ★661	369	4,57896 ★788
220	2,28386 ★421	**270**	6,66211 ★540	**320**	2,11610 ★664	**370**	1,69421 ★791
221	5,04733 ★423	271	1,80543 ★543	321	6,79269 ★666	371	6,28553 ★793
222	1,12051 ★426	272	4,91078 ★545	322	2,1872$\overline{5}$ ★669	372	2,33822 ★796
223	2,49873 ★428	273	1,34064 ★548	323	7,06481 ★671	373	8,7215$\dot{5}$ ★798
224	5,59716 ★430	274	3,67336 ★550	324	2,28900 ★674	374	3,26186 ★801
225	1,25936 ★433	**275**	1,01017 ★553	**325**	7,43924 ★676	**375**	1,22320 ★804
226	2,84616 ★435	276	2,78808 ★555	326	2,42519 ★679	376	4,59922 ★806
227	6,46077 ★437	277	7,72298 ★557	327	7,93038 ★681	377	1,73391 ★809
228	1,47306 ★440	278	2,14699 ★560	328	2,60116 ★684	378	6,55417 ★811
229	3,37330 ★442	279	5,99010 ★562	329	8,55783 ★686	379	2,48403 ★814
230	7,75859 ★444	**280**	1,67723 ★565	**330**	2,82408 ★689	**380**	9,43932 ★816
231	1,79223 ★447	281	4,71301 ★567	331	9,34772 ★691	381	3,59638 ★819
232	4,15798 ★449	282	1,32907 ★570	332	3,10344 ★694	382	1,37382 ★822
233	9,68810 ★451	283	3,76126 ★572	333	1,0334$\overline{5}$ ★697	383	5,26172 ★824
234	2,26702 ★454	284	1,06820 ★575	334	3,45171 ★699	384	2,020$\dot{5}$0 ★827
235	5,32749 ★456	**285**	3,04437 ★577	**335**	1,15632 ★702	**385**	7,77893 ★829
236	1,25729 ★459	286	8,70689 ★579	336	3,8852$\overline{5}$ ★704	386	3,00267 ★832
237	2,97977 ★461	287	2,49888 ★582	337	1,30933 ★707	387	1,16203 ★835
238	7,0918$\dot{5}$ ★463	288	7,19677 ★584	338	4,42553 ★709	388	4,50868 ★837
239	1,6949$\dot{5}$ ★466	289	2,07987 ★587	339	1,5002$\dot{5}$ ★712	389	1,75388 ★840
240	4,06789 ★468	**290**	6,03161 ★589	**340**	5,10086 ★714	**390**	6,84012 ★842
241	9,80360 ★470	291	1,75520 ★592	341	1,73939 ★717	391	2,67449 ★845
242	2,37247 ★473	292	5,12518 ★594	342	5,94873 ★719	392	1,04840 ★848
243	5,76511 ★475	293	1,50168 ★597	343	2,04041 ★722	393	4,12021 ★850
244	1,40669 ★478	294	4,41493 ★599	344	7,01903 ★724	394	1,62336 ★853
245	3,44638 ★480	**295**	1,30241 ★602	**345**	2,42156 ★727	**395**	6,41228 ★855
246	8,47810 ★482	296	3,85512 ★604	346	8,37861 ★729	396	2,53926 ★858
247	2,09409 ★485	297	1,14497 ★607	347	2,90738 ★732	397	1,00809 ★861
248	5,19334 ★487	298	3,41201 ★609	348	1,01177 ★735	398	4,01219 ★863
249	1,29314 ★490	299	1,02019 ★612	349	3,53107 ★737	399	1,60086 ★866
n	n!	n	n!	n	n!	n	n!

Rundungsbeispiele: $238! = 7{,}0918\dot{5} \cdot 10^{463} = 7{,}0919 \cdot 10^{463}$; $336! = 3{,}8852\overline{5} \cdot 10^{704} = 3{,}8852 \cdot 10^{704}$

n	n!	n	n!	n	n!	n	n!
400	6,4034$\dot{5}$ ★ 868	**450**	1,73337 ★ 1000	**500**	1,22014 ★ 1134	**550**	1,27894 ★ 1270
401	2,56778 ★ 871	451	7,81749 ★ 1002	501	6,11289 ★ 1136	551	7,04698 ★ 1272
402	1,0322$\overline{5}$ ★ 874	452	3,53351 ★ 1005	502	3,06867 ★ 1139	552	3,88993 ★ 1275
403	4,15996 ★ 876	453	1,60068 ★ 1008	503	1,54354 ★ 1142	553	2,15113 ★ 1278
404	1,68063 ★ 879	454	7,26708 ★ 1010	504	7,77944 ★ 1144	554	1,19173 ★ 1281
405	6,80653 ★ 881	**455**	3,30652 ★ 1013	**505**	3,92862 ★ 1147	**555**	6,61409 ★ 1283
406	2,7634$\dot{5}$ ★ 884	456	1,50777 ★ 1016	506	1,98788 ★ 1150	556	3,67743 ★ 1286
407	1,12473 ★ 887	457	6,89053 ★ 1018	507	1,00786 ★ 1153	557	2,04833 ★ 1289
408	4,58888 ★ 889	458	3,15586 ★ 1021	508	5,11991 ★ 1155	558	1,14297 ★ 1292
409	1,8768$\dot{5}$ ★ 892	459	1,44854 ★ 1024	509	2,60603 ★ 1158	559	6,38919 ★ 1294
410	7,69509 ★ 894	**460**	6,66329 ★ 1026	**510**	1,32908 ★ 1161	**560**	3,5779$\overline{5}$ ★ 1297
411	3,16268 ★ 897	461	3,07177 ★ 1029	511	6,79158 ★ 1163	561	2,00723 ★ 1300
412	1,30303 ★ 900	462	1,41916 ★ 1032	512	3,47729 ★ 1166	562	1,12806 ★ 1303
413	5,38149 ★ 902	463	6,57071 ★ 1034	513	1,7838$\overline{5}$ ★ 1169	563	6,35099 ★ 1305
414	2,22794 ★ 905	464	3,04881 ★ 1037	514	9,16899 ★ 1171	564	3,58196 ★ 1308
415	9,2459$\overline{5}$ ★ 907	**465**	1,41770 ★ 1040	**515**	4,72203 ★ 1174	**565**	2,02381 ★ 1311
416	3,84631 ★ 910	466	6,60647 ★ 1042	516	2,43657 ★ 1177	566	1,14547 ★ 1314
417	1,60391 ★ 913	467	3,08522 ★ 1045	517	1,25970 ★ 1180	567	6,49484 ★ 1316
418	6,70436 ★ 915	468	1,44388 ★ 1048	518	6,52527 ★ 1182	568	3,68907 ★ 1319
419	2,80912 ★ 918	469	6,77181 ★ 1050	519	3,38662 ★ 1185	569	2,09908 ★ 1322
420	1,17983 ★ 921	**470**	3,1827$\dot{5}$ ★ 1053	**520**	1,76104 ★ 1188	**570**	1,19648 ★ 1325
421	4,96709 ★ 923	471	1,49908 ★ 1056	521	9,17502 ★ 1190	571	6,83188 ★ 1327
422	2,09611 ★ 926	472	7,07564 ★ 1058	522	4,78936 ★ 1193	572	3,90783 ★ 1330
423	8,86656 ★ 928	473	3,34678 ★ 1061	523	2,50484 ★ 1196	573	2,23919 ★ 1333
424	3,75942 ★ 931	474	1,58637 ★ 1064	524	1,31253 ★ 1199	574	1,28529 ★ 1336
425	1,5977$\dot{5}$ ★ 934	**475**	7,53527 ★ 1066	**525**	6,89080 ★ 1201	**575**	7,39044 ★ 1338
426	6,80643 ★ 936	476	3,58679 ★ 1069	526	3,62456 ★ 1204	576	4,25689 ★ 1341
427	2,9063$\overline{5}$ ★ 939	477	1,71090 ★ 1072	527	1,91014 ★ 1207	577	2,45623 ★ 1344
428	1,24392 ★ 942	478	8,17809 ★ 1074	528	1,00856 ★ 1210	578	1,41970 ★ 1347
429	5,33640 ★ 944	479	3,91730 ★ 1077	529	5,33526 ★ 1212	579	8,22006 ★ 1349
430	2,2946$\dot{5}$ ★ 947	**480**	1,88031 ★ 1080	**530**	2,82769 ★ 1215	**580**	4,76764 ★ 1352
431	9,8899$\dot{5}$ ★ 949	481	9,04427 ★ 1082	531	1,501$\dot{5}$0 ★ 1218	581	2,77000 ★ 1355
432	4,27246 ★ 952	482	4,35934 ★ 1085	532	7,98800 ★ 1220	582	1,61214 ★ 1358
433	1,84998 ★ 955	483	2,10556 ★ 1088	533	4,25760 ★ 1223	583	9,39876 ★ 1360
434	8,02889 ★ 957	484	1,01909 ★ 1091	534	2,27356 ★ 1226	584	5,48888 ★ 1363
435	3,49257 ★ 960	**485**	4,94259 ★ 1093	**535**	1,2163$\dot{5}$ ★ 1229	**585**	3,21099 ★ 1366
436	1,52276 ★ 963	486	2,40210 ★ 1096	536	6,51966 ★ 1231	586	1,88164 ★ 1369
437	6,65446 ★ 965	487	1,16982 ★ 1099	537	3,50106 ★ 1234	587	1,10452 ★ 1372
438	2,9146$\dot{5}$ ★ 968	488	5,70874 ★ 1101	538	1,88357 ★ 1237	588	6,49460 ★ 1374
439	1,27953 ★ 971	489	2,79157 ★ 1104	539	1,01524 ★ 1240	589	3,82532 ★ 1377
440	5,62994 ★ 973	**490**	1,36787 ★ 1107	**540**	5,48231 ★ 1242	**590**	2,25694 ★ 1380
441	2,48281 ★ 976	491	6,71624 ★ 1109	541	2,96593 ★ 1245	591	1,3338$\dot{5}$ ★ 1383
442	1,09740 ★ 979	492	3,30439 ★ 1112	542	1,60754 ★ 1248	592	7,89640 ★ 1385
443	4,86148 ★ 981	493	1,62907 ★ 1115	543	8,72892 ★ 1250	593	4,68256 ★ 1388
444	2,158$\overline{5}$0 ★ 984	494	8,04758 ★ 1117	544	4,74853 ★ 1253	594	2,78144 ★ 1391
445	9,60532 ★ 986	**495**	3,9835$\dot{5}$ ★ 1120	**545**	2,5879$\overline{5}$ ★ 1256	**595**	1,65496 ★ 1394
446	4,28397 ★ 989	496	1,97584 ★ 1123	546	1,41302 ★ 1259	596	9,8635$\dot{5}$ ★ 1396
447	1,91494 ★ 992	497	9,81994 ★ 1125	547	7,72922 ★ 1261	597	5,88854 ★ 1399
448	8,57891 ★ 994	498	4,89033 ★ 1128	548	4,23561 ★ 1264	598	3,5213$\overline{5}$ ★ 1402
449	3,85193 ★ 997	499	2,44027 ★ 1131	549	2,3253$\dot{5}$ ★ 1267	599	2,10929 ★ 1405
n	n!	n	n!	n	n!	n	n!

Fakultäten

$600 \leqq n \leqq 749$ [1]
$750 \leqq n \leqq 1000$ [5]

n	n!	n	n!	n	n!	n	n!
600	1,26557 ⋆1408	650	8,0885$\dot{5}$ ⋆1547	700	2,42204 ⋆1689	750	2,58080 ⋆1832
601	7,60609 ⋆1410	651	5,2656$\overline{5}$ ⋆1550	701	1,6978$\dot{5}$ ⋆1692	755	6,24778 ⋆1846
602	4,57887 ⋆1413	652	3,43320 ⋆1553	702	1,19189 ⋆1695	760	1,56339 ⋆1861
603	2,76106 ⋆1416	653	2,24188 ⋆1556	703	8,37899 ⋆1697	765	4,0428$\overline{5}$ ⋆1875
604	1,66768 ⋆1419	654	1,46619 ⋆1559	704	5,89881 ⋆1700	770	1,08016 ⋆1890
605	1,0089$\overline{5}$ ⋆1422	655	9,6035$\overline{5}$ ⋆1561	705	4,15866 ⋆1703	775	2,9811$\overline{5}$ ⋆1904
606	6,11421 ⋆1424	656	6,29993 ⋆1564	706	2,93601 ⋆1706	780	8,49724 ⋆1918
607	3,71132 ⋆1427	657	4,1390$\dot{5}$ ⋆1567	707	2,07576 ⋆1709	785	2,50082 ⋆1933
608	2,25648 ⋆1430	658	2,723$\overline{5}$0 ⋆1570	708	1,46964 ⋆1712	790	7,59820 ⋆1947
609	1,37420 ⋆1433	659	1,79478 ⋆1573	709	1,04197 ⋆1715	795	2,38272 ⋆1962
610	8,38262 ⋆1435	660	1,18456 ⋆1576	710	7,39802 ⋆1717	800	7,71053 ⋆1976
611	5,12178 ⋆1438	661	7,82992 ⋆1578	711	5,25999 ⋆1720	805	2,57430 ⋆1991
612	3,13453 ⋆1441	662	5,18341 ⋆1581	712	3,74511 ⋆1723	810	8,86568 ⋆2005
613	1,92147 ⋆1444	663	3,43660 ⋆1584	713	2,67027 ⋆1726	815	3,14892 ⋆2020
614	1,17978 ⋆1447	664	2,28190 ⋆1587	714	1,90657 ⋆1729	820	1,1532$\dot{5}$ ⋆2035
615	7,2556$\overline{5}$ ⋆1449	665	1,51747 ⋆1590	715	1,36320 ⋆1732	825	4,35432 ⋆2049
616	4,46948 ⋆1452	666	1,01063 ⋆1593	716	9,760$\overline{5}$0 ⋆1734	830	1,69461 ⋆2064
617	2,75767 ⋆1455	667	6,74092 ⋆1595	717	6,99828 ⋆1737	835	6,79659 ⋆2078
618	1,70424 ⋆1458	668	4,50293 ⋆1598	718	5,02476 ⋆1740	840	2,80872 ⋆2093
619	1,05492 ⋆1461	669	3,01246 ⋆1601	719	3,61280 ⋆1743	845	1,19576 ⋆2108
620	6,54053 ⋆1463	670	2,0183$\overline{5}$ ⋆1604	720	2,60122 ⋆1746	850	5,24348 ⋆2122
621	4,06167 ⋆1466	671	1,35431 ⋆1607	721	1,87548 ⋆1749	855	2,36789 ⋆2137
622	2,52636 ⋆1469	672	9,10098 ⋆1609	722	1,35410 ⋆1752	860	1,10102 ⋆2152
623	1,57392 ⋆1472	673	6,12496 ⋆1612	723	9,79011 ⋆1754	865	5,27043 ⋆2166
624	9,82127 ⋆1474	674	4,12822 ⋆1615	724	7,08804 ⋆1757	870	2,59682 ⋆2181
625	6,13829 ⋆1477	675	2,7865$\overline{5}$ ⋆1618	725	5,13883 ⋆1760	875	1,31677 ⋆2196
626	3,84257 ⋆1480	676	1,88371 ⋆1621	726	3,73079 ⋆1763	880	6,87037 ⋆2210
627	2,40929 ⋆1483	677	1,27527 ⋆1624	727	2,71228 ⋆1766	885	3,68791 ⋆2225
628	1,51304 ⋆1486	678	8,64633 ⋆1626	728	1,97454 ⋆1769	890	2,03630 ⋆2240
629	9,51699 ⋆1488	679	5,87086 ⋆1629	729	1,43944 ⋆1772	895	1,15637 ⋆2255
630	5,99570 ⋆1491	680	3,99218 ⋆1632	730	1,05079 ⋆1775	900	6,75268 ⋆2269
631	3,78329 ⋆1494	681	2,71868 ⋆1635	731	7,68129 ⋆1777	905	4,05427 ⋆2284
632	2,39104 ⋆1497	682	1,85414 ⋆1638	732	5,62271 ⋆1780	910	2,50230 ⋆2299
633	1,51353 ⋆1500	683	1,26638 ⋆1641	733	4,12144 ⋆1783	915	1,58741 ⋆2314
634	5,59577 ⋆1502	684	8,66201 ⋆1643	734	3,02514 ⋆1786	920	1,03491 ⋆2329
635	6,09331 ⋆1505	685	5,93348 ⋆1646	735	2,22348 ⋆1789	925	6,93277 ⋆2343
636	3,8753$\overline{5}$ ⋆1508	686	4,07037 ⋆1649	736	1,63648 ⋆1792	930	4,77138 ⋆2358
637	2,46860 ⋆1511	687	2,79634 ⋆1652	737	1,20609 ⋆1795	935	3,37326 ⋆2373
638	1,57496 ⋆1514	688	1,92388 ⋆1655	738	8,90091 ⋆1797	940	2,44941 ⋆2388
639	1,00640 ⋆1517	689	1,32556 ⋆1658	739	6,57777 ⋆1800	945	1,82649 ⋆2403
640	6,44097 ⋆1519	690	9,14633 ⋆1660	740	4,8675$\dot{5}$ ⋆1803	950	1,39848 ⋆2418
641	4,12866 ⋆1522	691	6,32012 ⋆1663	741	3,60686 ⋆1806	955	1,09931 ⋆2433
642	2,65060 ⋆1525	692	4,37352 ⋆1666	742	2,67629 ⋆1809	960	8,87042 ⋆2447
643	1,70434 ⋆1528	693	3,0308$\overline{5}$ ⋆1669	743	1,98848 ⋆1812	965	7,34638 ⋆2462
644	1,09759 ⋆1531	694	2,10341 ⋆1672	744	1,47943 ⋆1815	970	6,24378 ⋆2477
645	7,07947 ⋆1533	695	1,46187 ⋆1675	745	1,10218 ⋆1818	975	5,4451$\overline{5}$ ⋆2492
646	4,57334 ⋆1536	696	1,01746 ⋆1678	746	8,22223 ⋆1820	980	4,87194 ⋆2507
647	2,9589$\dot{5}$ ⋆1539	697	7,09171 ⋆1680	747	6,14201 ⋆1823	985	4,47164 ⋆2522
648	1,91740 ⋆1542	698	4,95001 ⋆1683	748	4,59422 ⋆1826	990	4,20969 ⋆2537
649	1,24439 ⋆1545	699	3,46006 ⋆1686	749	3,44107 ⋆1829	995	4,06437 ⋆2552
n	n!	n	n!	n	n!	n	n!

Beispiele: $901! = 900! \cdot 901 = 6{,}75268 \cdot 10^{2269} \cdot 901$
$= 6{,}08416 \cdot 10^{2272}$; **1000 !** $= 4{,}0238726 \cdot 10^{2567}$

Zufallszahlen

y (Zeile)	1	2	3	4	5	6	7	8	9	10
50	9491	4842	6210	9140	0180	5935	7218	4966	0537	4416
	5192	7719	0654	4428	9771	4677	3291	4459	7432	2054
	1714	3725	9397	9648	2550	0704	1239	5263	1601	5177
	1052	8415	3686	4239	3272	7135	5768	8718	7582	8366
	6998	3891	9352	6056	3621	5395	4551	4017	2405	0831
45	4216	4724	2898	1050	2164	8020	5274	6688	8636	2438
	7115	2637	3828	0810	4598	2329	7953	4913	0033	2661
	6647	4252	1869	9634	1341	7958	9460	1712	6060	0638
	3475	2925	5097	8258	8343	7264	3295	8021	6318	0454
	0415	1533	7670	0618	5193	9291	2205	2046	0890	6997
40	7064	4946	2618	7116	3784	2007	2326	4361	4695	8612
	9772	4445	0343	5238	0317	7531	5916	8229	3296	2321
	5365	4306	4036	9873	9669	8505	8675	3116	1484	9975
	6395	4681	9319	6908	8154	5415	5728	1593	9452	8213
	1554	0411	3436	1101	0966	5188	0225	5615	8568	5169
35	6745	7372	6984	0228	1920	6710	3459	0663	1407	9211
	2217	3801	5860	1673	0264	6911	7623	7137	0774	5898
	9255	9297	4305	5060	8312	9192	6016	7238	5193	4908
	1615	9761	5744	2733	5314	6985	6670	0975	5487	6107
	6679	4951	5716	5889	4413	1513	5023	7313	0317	0517
30	5221	3207	0351	2452	1072	3830	5518	5972	6111	9352
	7720	5131	4867	6501	6970	4075	4869	4798	7104	5342
	2767	6055	2801	7033	5305	9382	2354	4135	5975	7830
	9202	6815	8211	5274	2303	1437	8995	2514	6515	0049
	9359	2754	8587	2790	9524	5068	1230	4165	7025	4365
25	1078	7661	0999	4413	3446	2971	7576	3385	3308	0557
	5732	4853	2025	1145	9743	8646	4918	3674	8049	1622
	1596	0578	1493	4681	3806	8837	4241	4123	6513	3083
	0602	8144	8976	9195	9012	7700	1708	5724	0315	8032
	5222	8616	2772	8695	5869	3892	8119	5257	9398	4200
20	5799	7491	8807	3381	1896	7431	7189	8791	0729	7101
	8790	3594	0899	1611	4168	0965	6747	5626	8130	8782
	7693	6352	8965	8784	4865	1131	3775	3826	6876	1218
	0769	1433	4776	7086	2380	3910	9758	6288	6812	9086
	3624	8592	7942	4289	0736	4986	4839	4507	4997	7407
15	9328	3001	1462	1101	0804	9724	4082	2384	9631	8334
	1981	1295	1963	3391	5757	4403	5857	4329	3682	3823
	6001	4295	1488	6702	9954	6980	4027	8492	8195	7934
	3743	0097	4798	6390	6465	6449	7990	3774	3577	3895
	3343	6936	1449	2915	6668	8543	3147	1442	6022	0056
10	9208	3820	5165	3445	2642	2910	8336	1244	6346	0487
	4581	3768	1559	7558	6660	0116	7949	5609	2887	4156
	3206	5146	7191	8420	2319	4650	3734	0501	0739	2025
	5662	8315	4226	8395	2931	1812	3575	9341	5894	3691
	4631	6278	9444	4058	0505	4449	5959	7483	8641	1311
5	1046	6653	8333	5813	6586	9820	0190	9214	1947	9677
	5231	2788	7198	5904	8370	8347	6599	7304	6430	3495
	5349	6641	3234	8692	4424	9179	2767	9517	1173	4160
	8363	9625	3329	5262	5360	8181	9298	6629	2433	9414
1	5967	1261	2470	8867	1962	1630	8360	6024	6232	8386

x (Spalte)

Ziehen mit Zurücklegen

Beispiel: 30 Objekte aus 300 Objekten (Nr. 000, . . . , 299) ziehen

1. Startzahl Z beliebig wählen, z. B. $Z = 7431$ (Spalte 6; Zeile 20).
2. Regel für das Weiterschreiten festlegen, z. B. in Spalte von oben nach unten schreiten und am Ende einer Spalte zur nächsten oben gehen.
3. Starten und weiterschreiten; dabei aus den Zufallszahlen dreizifferige Zahlen Z_i bilden (z. B. letzte Ziffer weglassen) und alle $Z_i < 300$ für $i = 1, 2, \ldots, 30$ notieren.

Zufallszahlen

y (Zeile) \ x (Spalte)	1	2	3	4	5	6	7	8	9	10
50	5194	8309	0346	0535	5297	6711	0077	3834	0669	4175
	6868	5890	9304	8461	5269	0920	6539	4160	7012	9103
	7622	2625	0475	7361	3283	6326	7564	9910	3654	2471
	9825	7226	7533	6515	0727	6316	8847	2727	4364	7665
	4777	2378	2749	3593	1665	4865	8976	9092	0606	9046
45	5045	5163	3191	9866	4940	2662	0908	9477	0738	5007
	3842	2771	9138	5297	4644	9409	0501	7615	7702	8278
	1254	0159	6884	8682	6295	7362	7254	9994	8885	2332
	3063	3510	5133	5911	8459	4121	8415	2693	4154	5373
	4679	2872	1784	1538	5716	8024	0331	5344	4985	9553
40	7483	5546	8907	6248	8420	1598	2128	7147	1305	0910
	2746	0030	4143	0269	7098	9379	2399	1809	3176	8870
	6520	1504	6813	3858	3877	4997	1476	5872	8455	5901
	9554	5561	1482	9833	4088	1419	5649	2522	4885	4640
	9610	1261	1998	3193	6293	1267	6512	6216	8030	2479
35	4764	3893	2033	0284	9016	4265	1421	9474	4103	1312
	8856	0922	1622	0711	3654	2531	1351	7831	4553	3495
	4523	8089	9316	6516	2153	6796	9089	2502	8608	4713
	5060	6004	8175	7558	4622	9513	6327	4393	8247	6890
	7022	9871	9544	8512	2893	5374	5144	1035	4140	5767
30	8765	4400	7297	8692	7156	8007	7065	7417	0191	8860
	5250	4633	0652	7134	4889	6677	6820	1996	9166	8658
	8900	5439	1392	4504	9893	2156	4460	3158	5147	8815
	4397	4675	8066	3652	2115	9991	1536	6305	6163	0006
	0009	7733	7273	3192	4177	6825	6805	2053	8364	7089
25	8287	0946	0818	7640	6296	2139	2136	0811	3888	9521
	9475	3899	2692	6921	2841	7768	7838	4225	2822	1940
	0114	1919	9832	2441	8197	1365	3982	6010	1769	8283
	1578	9879	2572	2336	1017	2194	6347	6960	7947	6962
	7529	6695	6334	0565	5982	2270	3188	6998	1175	7625
20	5261	5539	5880	3297	7030	1431	1617	4853	8602	8132
	5568	7390	3160	1354	5285	3108	5881	5181	4309	2589
	3702	3930	4469	4759	3878	2793	0783	3698	2539	6718
	6762	5139	7286	7207	9447	4607	9401	3216	4604	5171
	6613	4018	6056	9865	1504	6701	3438	5417	5228	8292
15	0150	2742	6430	5461	9178	2666	9700	2468	8439	6940
	4558	8171	0221	1608	7069	7078	4366	5824	7517	9915
	6957	2795	7538	1712	0043	4957	0800	1631	9033	7830
	7467	4364	0064	5848	5185	0669	5440	3897	2159	3858
	6268	6590	7093	5387	2803	8159	3719	6861	3102	0094
10	1038	5210	7759	2207	0553	0707	1603	7237	2970	0506
	4778	4572	5200	4465	1503	2860	8336	6956	5778	6811
	3312	0575	9868	5424	0017	8562	0294	3776	4897	5762
	7389	6793	5363	0356	1225	9733	1883	3513	6141	6076
	1260	5529	9540	3569	8381	9742	2590	2516	4243	8130
5	8979	2446	7606	6948	4519	2636	6655	1166	2096	1137
	5470	0061	1760	5993	4319	0825	6874	3753	8362	1237
	9733	0297	0804	4942	7694	9340	2502	3597	7691	5000
	7492	6719	6816	7567	0364	2306	2217	5626	6526	6166
1	3715	2248	2337	6530	1660	7441	1598	0477	6620	1250

Ziehen ohne Zurücklegen

Die Auswahl der Objekte erfolgt wie beim Ziehen mit Zurücklegen, doch sind dabei nur diejenigen Objektnummern (Zahlen) zu notieren, die noch nicht vorgekommen sind.

Mit Zurücklegen ergeben sich im Beispiel folgende Objektnummern:
96, 113, 291, 11, 181, 163, *123,* 220, 232, 22, 235, *123,* 170, 19, 276, 171, 204, 159, 66, 97, 251, 238, 144, 124, 50, 53, 160, 240, 3, 89
Ohne Zurücklegen: 123 ist zu streichen und dafür am Schluß 148 zuzufügen.

$3 \leqq n \leqq 15$ Binomialkoeffizienten $\binom{n}{k}$

k	n = 3	4	5	6	7	8	9	10	11	12	13	14	15	k
2	3	6	10	15	21	28	36	45	55	66	78	91	105	2
3	1	4	10	20	35	56	84	120	165	220	286	364	455	3
4		1	5	15	35	70	126	210	330	495	715	1001	1365	4
5			1	6	21	56	126	252	462	792	1287	2002	3003	5
6				1	7	28	84	210	462	924	1716	3003	5005	6
7					1	8	36	120	330	792	1716	3432	6435	7
8						1	9	45	165	495	1287	3003	6435	8

Beispiel: $\binom{9}{4} = 126$

$16 \leqq n \leqq 22$

k	n = 16	17	18	19	20	21	22	k
2	120	136	153	171	190	210	231	2
3	560	680	816	969	1140	1330	1540	3
4	1820	2380	3060	3876	4845	5985	7315	4
5	4368	6188	8568	11628	15504	20349	26334	5
6	8008	12376	18564	27132	38760	54264	74613	6
7	11440	19448	31824	50388	77520	116280	170544	7
8	12870	24310	43758	75582	125970	203490	319770	8
9	11440	24310	48620	92378	167960	293930	497420	9
10	8008	19448	43758	92378	184756	352716	646646	10
11	4368	12376	31824	75582	167960	352716	705432	11

$23 \leqq n \leqq 28$

k	n = 23	24	25	26	27	28	k
2	253	276	300	325	351	378	2
3	1771	2024	2300	2600	2925	3276	3
4	8855	10626	12650	14950	17550	20475	4
5	33649	42504	53130	65780	80730	98280	5
6	100947	134596	177100	230230	296010	376740	6
7	245157	346104	480700	657800	888030	1184040	7
8	490314	735471	1081575	1562275	2220075	3108105	8
9	817190	1307504	2042975	3124550	4686825	6906900	9
10	1144066	1961256	3268760	5311735	8436285	13123110	10
11	1352078	2496144	4457400	7726160	13037895	21474180	11
12	1352078	2704156	5200300	9657700	17383860	30421755	12
13	1144066	2496144	5200300	10400600	20058300	37442160	13
14	817190	1961256	4457400	9657700	20058300	40116600	14

Beispiel: $\binom{27}{17} = \binom{27}{10} = 8\,436\,285$

$$\binom{n}{k} = \binom{n}{n-k} = \frac{n!}{k! \cdot (n-k)!}$$

k	n = 29	30	31	32	33	34	k
2	406	435	465	496	528	561	2
3	3654	4060	4495	4960	5456	5984	3
4	23751	27405	31465	35960	40920	46376	4
5	118755	142506	169911	201376	237336	278256	5
6	475020	593775	736281	906192	1107568	1344904	6
7	1560780	2035800	2629575	3365856	4272048	5379616	7
8	4292145	5852925	7888725	10518300	13884156	18156204	8
9	10015005	14307150	20160075	28048800	38567100	52451256	9
10	20030010	30045015	44352165	64512240	92561040	131128140	10
11	34597290	54627300	84672315	129024480	193536720	286097760	11
12	51895935	86493225	141120525	225792840	354817320	548354040	12
13	67863915	119759850	206253075	347373600	573166440	927983760	13
14	77558760	145422675	265182525	471435600	818809200	1,3920 ⋆09	14
15	77558760	155117520	300540195	565722720	1,0372 ⋆09	1,8560 ⋆09	15
16	67863915	145422675	300540195	601080390	1,1668 ⋆09	2,2040 ⋆09	16
17	51895935	119759850	265182525	565722720	1,1668 ⋆09	2,3336 ⋆09	17

Beispiel: $\binom{31}{6}$ = 736 281

35 ≦ n ≦ 40

k	n = 35	36	37	38	39	40	k
2	595	630	666	703	741	780	2
3	6545	7140	7770	8436	9139	9880	3
4	52360	58905	66045	73815	82251	91390	4
5	324632	376992	435897	501942	575757	658008	5
6	1623160	1947792	2324784	2760681	3262623	3838380	6
7	6724520	8347680	10295472	12620256	15380937	18643560	7
8	23535820	30260340	38608020	48903492	61523748	76904685	8
9	70607460	94143280	124403620	163011640	211915132	273438880	9
10	183579396	254186856	348330136	472733756	635745396	847660528	10
11	417225900	600805296	854992152	1,2033 ⋆09	1,6761 ⋆09	2,3118 ⋆09	11
12	834451800	1,2517 ⋆09	1,8525̄ ⋆09	2,7075̄ ⋆09	3,9108 ⋆09	5,5869 ⋆09	12
13	1,4763 ⋆09	2,3108 ⋆09	3,5625̄ ⋆09	5,415̄0 ⋆09	8,1224 ⋆09	1,2033 ⋆10	13
14	2,3200 ⋆09	3,7963 ⋆09	6,1071 ⋆09	9,6696 ⋆09	1,5085̄ ⋆10	2,3207 ⋆10	14
15	3,2479 ⋆09	5,5679 ⋆09	9,3642 ⋆09	1,5471 ⋆10	2,5141 ⋆10	4,0225̇ ⋆10	15
16	4,0599 ⋆09	7,3079 ⋆09	1,2876 ⋆10	2,2240 ⋆10	3,7711 ⋆10	6,2852 ⋆10	16
17	4,5376 ⋆09	8,5975̄ ⋆09	1,5905̇ ⋆10	2,8781 ⋆10	5,1021 ⋆10	8,8732 ⋆10	17
18	4,5376 ⋆09	9,0751 ⋆09	1,7673 ⋆10	3,3578 ⋆10	6,2359 ⋆10	1,1338 ⋆11	18
19	4,0599 ⋆09	8,5975̄ ⋆09	1,7673 ⋆10	3,5345̇ ⋆10	6,8923 ⋆10	1,3128 ⋆11	19
20	3,2479 ⋆09	7,3079 ⋆09	1,5905̇ ⋆10	3,3578 ⋆10	6,8923 ⋆10	1,3785̄ ⋆11	20

Beispiel: $\binom{35}{13} = 1{,}4763 \star 09 = 1{,}4763 \cdot 10^9$

Berechnen nichttabellierter Werte mit Taschenrechner (*n*! s. S. 20 . . . 23):

Beispiel: $\binom{150}{40} = \frac{150!}{40! \cdot 110!} = \frac{5{,}71338 \cdot 10^{262}}{8{,}15915 \cdot 10^{47} \cdot 1{,}58825 \cdot 10^{178}} = \frac{5{,}71338 \cdot 10^{37}}{8{,}15915 \cdot 1{,}58825} = 4{,}40889 \cdot 10^{36}$

Binomialverteilung

Wahrscheinlichkeitsfunktion

$$f_B(k; n; p) = \binom{n}{k} p^k q^{n-k}$$

n	k	0,02	0,03	0,04	0,05	0,10	1/6	0,20	0,30	1/3	0,40	0,50	k	n
2	0	0,9604	9409	9216	9025	8100	6944	6400	4900	4444	3600	2500	2	2
	1	0392	0582	0768	0950	1800	2778	3200	4200	4444	4800	5000	1	
	2	0004	0009	0016	0025	0100	0278	0400	0900	1111	1600	2500	0	
3	0	0,9412	9127	8847	8574	7290	5787	5120	3430	2963	2160	1250	3	3
	1	0576	0847	1106	1354	2430	3472	3840	4410	4444	4320	3750	2	
	2	0012	0026	0046	0071	0270	0694	0960	1890	2222	2880	3750	1	
	3			0001	0001	0010	0046	0080	0270	0370	0640	1250	0	
4	0	0,9224	8853	8493	814$\dot{5}$	6561	4823	4096	2401	197$\dot{5}$	1296	0625	4	4
	1	0753	109$\dot{5}$	1416	171$\bar{5}$	2916	3858	4096	4116	3951	3456	2500	3	
	2	0023	0051	0088	013$\dot{5}$	0486	1157	1536	2646	2963	3456	3750	2	
	3		0001	0002	000$\bar{5}$	0036	0154	0256	0756	0988	1536	2500	1	
	4					0001	0008	0016	0081	0123	0256	0625	0	
5	0	0,9039	8587	8154	7738	590$\bar{5}$	4019	3277	1681	1317	0778	0313	5	5
	1	0922	1328	1699	2036	3281	4019	4096	3602	3292	2592	1563	4	
	2	0038	0082	0142	0214	0729	1608	2048	3087	3292	3456	3125	3	
	3	0001	0003	0006	0011	0081	0322	0512	1323	1646	2304	3125	2	
	4					000$\bar{5}$	0032	0064	0284	0412	0768	1563	1	
	5						0001	0003	0024	0041	0102	0313	0	
6	0	0,8858	8330	7828	7351	5314	3349	2621	1176	0878	0467	0156	6	6
	1	108$\bar{5}$	1546	1957	2321	3543	4019	3932	302$\dot{5}$	2634	1866	0938	5	
	2	005$\dot{5}$	0120	0204	030$\dot{5}$	0984	2009	2458	3241	3292	3110	2344	4	
	3	0002	000$\bar{5}$	0011	0021	0146	0536	0819	1852	219$\bar{5}$	276$\bar{5}$	3125	3	
	4				0001	0012	0080	0154	059$\dot{5}$	0823	1382	2344	2	
	5					0001	0006	001$\dot{5}$	0102	016$\bar{5}$	0369	0938	1	
	6							0001	0007	0014	0041	0156	0	
7	0	0,8681	8080	7514	6983	4783	2791	2097	0824	058$\dot{5}$	0280	0078	7	7
	1	1240	1749	2192	2573	3720	3907	3670	2471	2048	1306	0547	6	
	2	0076	0162	0274	0406	1240	2344	2753	3177	3073	2613	1641	5	
	3	0003	0008	0019	0036	0230	0781	1147	2269	2561	2903	2734	4	
	4			0001	0002	0026	0156	0287	0972	1280	193$\dot{5}$	2734	3	
	5					0002	0019	0043	02$\dot{5}$0	0384	0774	1641	2	
	6						0001	0004	0036	0064	0172	0547	1	
	7								0002	000$\bar{5}$	0016	0078	0	
8	0	0,8508	7837	7214	6634	430$\bar{5}$	2326	1678	0576	0390	0168	0039	8	8
	1	1389	1939	240$\bar{5}$	2793	3826	3721	335$\dot{5}$	1977	1561	0896	0313	7	
	2	0099	0210	0351	051$\bar{5}$	1488	260$\bar{5}$	2936	296$\bar{5}$	2731	2090	1094	6	
	3	0004	0013	0029	0054	0331	1042	1468	2541	2731	2787	2188	5	
	4		0001	0002	0004	0046	0260	0459	1361	1707	2322	2734	4	
	5					0004	0042	0092	0467	0683	1239	2188	3	
	6						0004	0011	0100	0171	0413	1094	2	
	7							0001	0012	0024	0079	0313	1	
	8								0001	0002	0007	0039	0	
9	0	0,8337	7602	692$\dot{5}$	6302	3874	1938	1342	0404	0260	0101	0020	9	9
	1	1531	2116	2597	298$\dot{5}$	3874	3489	3020	1556	1171	060$\bar{5}$	0176	8	
	2	012$\dot{5}$	0262	0433	0629	1722	2791	3020	2668	2341	1612	0703	7	
	3	0006	0019	0042	0077	0446	1302	1762	2668	2731	2508	1641	6	
	4		0001	0003	0006	0074	0391	0661	171$\dot{5}$	2048	2508	2461	5	
	5					0008	0078	016$\dot{5}$	073$\dot{5}$	1024	1672	2461	4	
	6					0001	0010	0028	0210	0341	0743	1641	3	
	7						0001	0003	0039	0073	0212	0703	2	
	8								0004	0009	003$\dot{5}$	0176	1	
	9									0001	0003	0020	0	
n		0,98	0,97	0,96	0,95	0,90	5/6	0,80	0,70	2/3	0,60	0,50	k	n

Nicht aufgeführte Werte sind (auf 4 Dez.) 0,0000.

$f_B(k; n; p) = \binom{n}{k} p^k q^{n-k}$

Binomialverteilung

Wahrscheinlichkeitsfunktion

n	k	p: 0,02	0,03	0,04	0,05	0,10	1/6	0,20	0,30	1/3	0,40	0,50	k	n
10	0	0,8171	7374	6648	5987	3487	161$\dot{5}$	1074	0282	0173	0060	0010	10	10
	1	1667	2281	2770	3151	3874	3230	2684	1211	0867	0403	0098	9	
	2	0153	0317	0519	0746	1937	2907	3020	233$\overline{5}$	1951	1209	0439	8	
	3	0008	0026	0058	010$\overline{5}$	0574	15$\dot{5}$0	2013	2668	2601	21$\overline{5}$0	1172	7	
	4		0001	0004	0010	0112	0543	0881	2001	2276	2508	2051	6	
	5				0001	001$\overline{5}$	0130	0264	1029	1366	2007	2461	5	
	6					0001	0022	005$\dot{5}$	0368	0569	111$\overline{5}$	2051	4	
	7						0002	0008	0090	0163	042$\overline{5}$	1172	3	
	8							0001	0014	0030	0106	0439	2	
	9								0001	0003	0016	0098	1	
	10										0001	0010	0	
15	0	0,7386	6333	5421	4633	2059	0649	0352	0047	0023	000$\overline{5}$	0000	15	15
	1	2261	2938	3388	3658	3432	1947	1319	030$\dot{5}$	0171	0047	000$\overline{5}$	14	
	2	0323	0636	0988	1348	2669	2726	2309	0916	0599	0219	0032	13	
	3	0029	008$\dot{5}$	0178	0307	128$\dot{5}$	2363	2501	1700	1299	0634	0139	12	
	4	0002	0008	0022	0049	0428	1418	1876	2186	1948	1268	0417	11	
	5		0001	0002	0006	010$\overline{5}$	0624	1032	2061	2143	1859	0916	10	
	6					0019	0208	0430	1472	1786	2066	1527	9	
	7					0003	0053	0138	0811	1148	1771	1964	8	
	8						0011	003$\overline{5}$	0348	0574	1181	1964	7	
	9						0002	0007	0116	0223	0612	1527	6	
	10							0001	0030	0067	024$\overline{5}$	0916	5	
	11								0006	001$\dot{5}$	0074	0417	4	
	12								0001	0003	0016	0139	3	
	13										0003	0032	2	
	14											000$\overline{5}$	1	
	15												0	
20	0	0,6676	5438	4420	358$\overline{5}$	1216	0261	011$\dot{5}$	0008	0003	0000	0000	20	20
	1	272$\overline{5}$	3364	3683	3774	2702	1043	0576	0068	0030	000$\overline{5}$	0000	19	
	2	0528	0988	1458	1887	2852	1982	1369	0278	0143	0031	0002	18	
	3	006$\overline{5}$	0183	0364	0596	1901	2379	2054	0716	0429	0123	0011	17	
	4	0006	0024	006$\overline{5}$	0133	0898	2022	2182	1304	0911	03$\overline{5}$0	0046	16	
	5		0002	0009	0022	0319	1294	1746	1789	1457	0746	0148	15	
	6			0001	0003	0089	0647	1091	1916	1821	1244	0370	14	
	7					0020	0259	054$\dot{5}$	1643	1821	1659	0739	13	
	8					0004	0084	0222	1144	1480	1797	1201	12	
	9					0001	0022	0074	0654	0987	1597	1602	11	
	10						000$\overline{5}$	0020	0308	0543	1171	1762	10	
	11						0001	000$\overline{5}$	0120	0247	0710	1602	9	
	12							0001	0039	0092	035$\overline{5}$	1201	8	
	13								0010	0028	0146	0739	7	
	14								0002	007	0049	0370	6	
	15									0001	0013	0148	5	
	16										0003	0046	4	
	17											0011	3	
	18											0002	2	
	19												1	
n		p: 0,98	0,97	0,96	0,95	0,90	5/6	0,80	0,70	2/3	0,60	0,50	k	n

Nicht aufgeführte Werte sind (auf 4 Dez.) 0,0000.

f_B

$q = 1 - p$

Beispiele: $f_B(6; 15; 0{,}20) = 0{,}0430$;

Bei rot unterlegtem Eingang: $f_B(17; 20; 0{,}90) = 0{,}1901$

Berechnen nichttabellierter Werte mit $F_B(k; n; p)$ s. S. 31, mit Taschenrechner s. S. 45.

Binomialverteilung

Verteilungsfunktion

$$F_B(k;n;p) = \sum_{i=0}^{k} \binom{n}{i} p^i q^{n-i}$$

n	k	0,02	0,03	0,04	0,05	0,10	1/6	0,20	0,30	1/3	0,40	0,50	k	n
2	0	0,9604	9409	9216	9025	8100	6944	6400	4900	4444	3600	2500	1	2
	1	9996	9991	9984	9975	9900	9722	9600	9100	8889	8400	7500	0	
3	0	0,9412	9127	8847	8574	7290	5787	5120	3430	2963	2160	1250	2	3
	1	9988	9974	9953	9928	9720	9259	8960	7840	7407	6480	5000	1	
	2			9999	9999	9990	9954	9920	9730	9630	9360	8750	0	
4	0	0,9224	8853	8493	814$\dot{5}$	6561	4823	4096	2401	197$\dot{5}$	1296	0625	3	4
	1	9977	9948	9909	9860	9477	8681	8192	6517	5926	4752	3125	2	
	2		9999	9998	999$\dot{5}$	9963	9838	9728	9163	8889	8208	6875	1	
	3					9999	9992	9984	9919	9877	9744	9375	0	
5	0	0,9039	8587	8154	7738	590$\overline{5}$	4019	3277	1681	1317	0778	0313	4	5
	1	9962	991$\dot{5}$	9852	9774	918$\dot{5}$	8038	7373	5282	4609	3370	1875	3	
	2	9999	9997	9994	9988	9914	964$\dot{5}$	9421	8369	7901	6826	5000	2	
	3					999$\dot{5}$	9967	9933	9692	9547	9130	8125	1	
	4						9999	9997	9976	9959	9898	9688	0	
6	0	0,8858	8330	7828	7351	5314	3349	2621	1176	0878	0467	0156	5	6
	1	9943	987$\dot{5}$	9784	9672	8857	7368	6554	4202	3512	2333	1094	4	
	2	9998	999$\overline{5}$	9988	9978	9842	9377	9011	7443	6804	5443	3438	3	
	3				9999	9987	9913	9830	929$\dot{5}$	8999	8208	6563	2	
	4					9999	9993	9984	9891	9822	9590	8906	1	
	5							9999	9993	9986	9959	9844	0	
7	0	0,8681	8080	7514	6983	4783	2791	2097	0824	058$\dot{5}$	0280	0078	6	7
	1	9921	9829	9706	9556	8503	6698	5767	3294	2634	1586	0625	5	
	2	9997	9991	9980	9962	9743	9042	8520	6471	5706	4199	2266	4	
	3			9999	9998	9973	9824	9667	8740	8267	7102	5000	3	
	4					9998	9980	9953	9712	9547	9037	7734	2	
	5						9999	9996	9962	9931	9812	9375	1	
	6								9998	999$\dot{5}$	9984	9922	0	
8	0	0,8508	7837	7214	6634	430$\overline{5}$	2326	1678	0576	0390	0168	0039	7	8
	1	9897	9777	9619	9428	8131	6047	5033	2553	1951	1064	0352	6	
	2	9996	9987	9969	9942	9619	8652	7969	5518	4682	3154	144$\dot{5}$	5	
	3		9999	9998	9996	99$\overline{5}$0	9693	9437	8059	7414	5941	3633	4	
	4					9996	9954	9896	9420	9121	8263	6367	3	
	5						9996	9988	9887	9803	9502	855$\overline{5}$	2	
	6							9999	9987	9974	991$\overline{5}$	9648	1	
	7								9999	9998	9993	9961	0	
9	0	0,8337	7602	692$\dot{5}$	6302	3874	1938	1342	0404	0260	0101	0020	8	9
	1	9869	9718	9522	9288	7748	5427	4362	1960	1431	070$\dot{5}$	019$\dot{5}$	7	
	2	9994	9980	995$\dot{5}$	9916	9470	8217	7382	4628	3772	2318	0898	6	
	3		9999	9997	9994	9917	9520	9144	7297	6503	4826	2539	5	
	4					9991	9911	9804	9012	8552	7334	5000	4	
	5					9999	9989	9969	9747	9576	9006	7461	3	
	6						9999	9997	9957	9917	97$\overline{5}$0	9102	2	
	7								9996	9990	9962	980$\overline{5}$	1	
	8									9999	9997	9980	0	
n		0,98	0,97	0,96	0,95	0,90	5/6	0,80	0,70	2/3	0,60	0,50	k	n

Nicht aufgeführte Werte sind (auf 4 Dez.) 1,0000.

$q = 1 - p$

Bei rot unterlegtem Eingang: $F_B(k; n; p) = 1 -$ abgelesener Wert

Beispiele: $F_B(2; 6; 0{,}1) = 0{,}9842$; $F_B(5; 9; 0{,}8) = 1 - 0{,}9144 = 0{,}0856$

$$F_B(k; n; p) = \sum_{i=0}^{k} \binom{n}{i} p^i q^{n-i}$$

n	k	p = 0,02	0,03	0,04	0,05	0,10	1/6	0,20	0,30	1/3	0,40	0,50	k	n
10	0	0,8171	7374	6648	5987	3487	1615̇	1074	0282	0173	0060	0010	9	10
	1	9838	9655̄	9418	9139	7361	4845̇	3758	1493	1040	0464	0107	8	
	2	9991	9972	9938	9885̄	9298	7752	6778	3828	2991	1673	0547	7	
	3		9999	9996	9990	9872	9303	8791	6496	5593	3823	1719	6	
	4				9999	9984	9845̇	9672	8497	7869	6331	3770	5	
	5					9999	9976	9936	9527	9234	8338	6230	4	
	6						9997	9991	9894	9803	9452	8281	3	
	7							9999	9984	9966	9877	9453	2	
	8								9999	9996	9983	9893	1	
	9										9999	9990	0	
11	0	0,8007	7153	6382	5688	3138	1346	0859	0198	0116	0036	0005̄	10	11
	1	9805̄	9587	9308	8981	6974	4307	3221	1130	0751	0302	0059	9	
	2	9988	9963	9917	9848	9104	7268	6174	3127	2341	1189	0327	8	
	3		9998	9993	9984	9815̄	9044	8389	5696	4726	2963	1133	7	
	4				9999	9972	9755̄	9496	7897	7110	5328	2744	6	
	5					9997	9954	9883	9218	8779	7535̄	5000	5	
	6						9994	9980	9784	9614	9006	7256	4	
	7						9999	9998	9957	9912	9707	8867	3	
	8								9994	9986	9941	9673	2	
	9									9999	9993	9941	1	
	10											9995̇	0	
12	0	0,7847	6938	6127	5404	2824	1122	0687	0138	0077	0022	0002	11	12
	1	9769	9514	9191	8816	6590	3813	2749	085̇0	0540	0196	0032	10	
	2	9985̄	9952	9893	9804	8891	6774	5583	2528	1811	0834	0193	9	
	3	9999	9997	9990	9978	9744	8748	7946	4925	3931	2253	0730	8	
	4			9999	9998	9957	9637	9274	7237	6315̇	4382	1938	7	
	5					9995̄	9921	9806	8822	8223	6652	3872	6	
	6						9987	9961	9614	9336	8418	6128	5	
	7						9998	9994	9905̇	9812	9427	8062	4	
	8							9999	9983	9961	9847	9270	3	
	9								9998	9995̄	9972	9807	2	
	10										9997	9968	1	
	11											9998	0	
13	0	0,7690	6730	5882	5133	2542	0935̄	055̄0	0097	0051	0013	0001	12	13
	1	9730	9436	9068	8646	6213	3365̄	2336	0637	0385	0126	0017	11	
	2	9980	9938	9865̄	9755̄	8661	6281	5017	2025̄	1387	0579	0112	10	
	3	9999	9995̇	9986	9969	9658	8419	7473	4206	3224	1686	0461	9	
	4			9999	9997	9935̇	9488	9009	6543	5520	3530	1334	8	
	5					9991	9873	9700	8346	7587	5744	2905	7	
	6					9999	9976	9930	9376	8965̄	7712	5000	6	
	7						9997	9988	9818	9653	9023	7095̄	5	
	8							9998	9960	9912	9679	8666	4	
	9								9993	9984	9922	9539	3	
	10								9999	9998	9987	9888	2	
	11										9999	9983	1	
	12											9999	0	
n		p = 0,98	0,97	0,96	0,95	0,90	5/6	0,80	0,70	2/3	0,60	0,50	k	n

Nicht aufgeführte Werte sind (auf 4 Dez.) 1,0000.

$$f_B(k; n; p) = F_B(k; n; p) - F_B(k-1; n; p)$$

Beispiele:

$f_B(7; 12; 0{,}4)$
$= F_B(7; 12; 0{,}4) - F_B(6; 12; 0{,}4)$
$= 0{,}9427 - 0{,}8418 = 0{,}1009;$

Bei rot unterlegtem Eingang:

$f_B(9; 13; 0{,}7)$
$= F_B(9; 13; 0{,}7) - F_B(8; 13; 0{,}7)$
$= 0{,}5794 - 0{,}3457 = 0{,}2337$

F_B

Binomialverteilung

Verteilungsfunktion

$$F_B(k;n;p) = \sum_{i=0}^{k} \binom{n}{i} p^i q^{n-i}$$

n	k	0,02	0,03	0,04	0,05	0,10	1/6	0,20	0,30	1/3	0,40	0,50	k	n
14	0	0,7536	6528	5647	4877	2288	0779	0440	0068	0034	0008	0001	13	14
	1	9690	9355	8941	8470	5846	2960	1979	0475	0274	0081	0009	12	
	2	9975	9923	9833	9699	8416	5795	4481	1608	1053	0398	0065	11	
	3	9999	9994	9981	9958	9559	8063	6982	3552	2612	1243	0287	10	
	4			9998	9996	9908	9310	8702	5842	4755	2793	0898	9	
	5					9985	9809	9561	7805	6898	4859	2120	8	
	6					9998	9959	9884	9067	8505	6925	3953	7	
	7						9993	9976	9685	9424	8499	6047	6	
	8						9999	9996	9917	9826	9417	7880	5	
	9								9983	9960	9825	9102	4	
	10								9998	9993	9961	9713	3	
	11									9999	9994	9935	2	
	12										9999	9991	1	
	13											9999	0	
15	0	0,7386	6333	5421	4633	2059	0649	0352	0047	0023	0005	0000	14	15
	1	9647	9270	8809	8290	5490	2596	1671	0353	0194	0052	0005	13	
	2	9970	9906	9797	9638	8159	5322	3980	1268	0794	0271	0037	12	
	3	9998	9992	9976	9945	9444	7685	6482	2969	2092	0905	0176	11	
	4		9999	9998	9994	9873	9102	8358	5155	4041	2173	0592	10	
	5				9999	9978	9726	9389	7216	6184	4032	1509	9	
	6					9997	9934	9819	8689	7970	6098	3036	8	
	7						9987	9958	9500	9118	7869	5000	7	
	8						9998	9992	9848	9692	9050	6964	6	
	9							9999	9963	9915	9662	8491	5	
	10								9993	9982	9907	9408	4	
	11								9999	9997	9981	9824	3	
	12										9997	9963	2	
	13											9995	1	
	14												0	
16	0	0,7238	6143	5204	4401	1853	0541	0281	0033	0015	0003	0000	15	16
	1	9601	9182	8673	8108	5147	2272	1407	0261	0137	0033	0003	14	
	2	9963	9887	9758	9571	7892	4868	3518	0994	0594	0183	0021	13	
	3	9998	9989	9968	9930	9316	7291	5981	2459	1659	0651	0106	12	
	4		9999	9997	9991	9830	8866	7982	4499	3391	1666	0384	11	
	5				9999	9967	9622	9183	6598	5469	3288	1051	10	
	6					9995	9899	9733	8247	7374	5272	2272	9	
	7					9999	9979	9930	9256	8735	7161	4018	8	
	8						9996	9985	9743	9500	8577	5982	7	
	9							9998	9929	9841	9417	7728	6	
	10								9984	9960	9809	8949	5	
	11								9997	9992	9951	9616	4	
	12									9999	9991	9894	3	
	13										9999	9979	2	
	14											9997	1	
	15												0	
n		0,98	0,97	0,96	0,95	0,90	5/6	0,80	0,70	2/3	0,60	0,50	k	n

Nicht aufgeführte Werte sind (auf 4 Dez.) 1,0000.

$q = 1 - p$

Bei rot unterlegtem Eingang:

$F_B(k;n;p) = 1 -$ abgelesener Wert

Beispiele: $F_B(5; 15; 0,2) = 0,9389$; $F_B(9; 16; 0,6) = 1 - 0,5272 = 0,4728$

$$F_B(k; n; p) = \sum_{i=0}^{k} \binom{n}{i} p^i q^{n-i}$$

n	k	p = 0,02	0,03	0,04	0,05	0,10	1/6	0,20	0,30	1/3	0,40	0,50		n
17	0	0,7093	5958	4996	4181	1668	0451	0225	0023	0010	0002	0000	16	17
	1	9554	9091	$853\bar{5}$	7922	4818	1983	1182	0193	0096	0021	0001	15	
	2	9956	9866	9714	9497	7618	$443\dot{5}$	3096	0774	0442	0123	0012	14	
	3	9997	9986	9960	9912	9174	6887	5489	2019	1304	0464	0064	13	
	4		9999	9996	9988	9779	8604	7582	3887	2814	1260	0245	12	
	5				9999	9953	9496	8943	5968	4777	2639	0717	11	
	6					9992	9853	9623	7752	6739	4478	1662	10	
	7					9999	$996\dot{5}$	9891	8954	8281	$640\dot{5}$	3145	9	
	8						9993	9974	9597	$924\dot{5}$	8011	5000	8	
	9						9999	$999\dot{5}$	9873	9727	9081	$685\bar{5}$	7	
	10							9999	9968	9920	9652	8338	6	
	11								9993	9981	9894	9283	5	
	12								9999	9997	$997\bar{5}$	$975\bar{5}$	4	
	13										$999\dot{5}$	9936	3	
	14										9999	9988	2	
	15											9999	1	
18	0	0,6951	5780	4796	3972	1501	0376	0180	0016	0007	0001	0000	17	18
	1	$950\bar{5}$	8997	8393	$773\dot{5}$	4503	1728	0991	0142	0068	0013	0001	16	
	2	9948	9843	9667	9419	7338	4027	2713	0600	0326	0082	0007	15	
	3	9996	9982	$99\dot{5}0$	9891	9018	6479	5010	1646	1017	0328	0038	14	
	4		9999	9994	$998\bar{5}$	9718	8318	7164	3327	2311	0942	0154	13	
	5				9998	9936	9347	8671	5344	4122	2088	0481	12	
	6					9988	9794	9487	7217	$608\dot{5}$	3743	1189	11	
	7					9998	9947	9837	8593	7767	5634	2403	10	
	8						9989	9957	9404	8924	7368	4073	9	
	9						9998	9991	9790	9567	8653	5927	8	
	10							9998	9939	9856	9424	7597	7	
	11								9986	9961	9797	8811	6	
	12								9997	9991	9943	9519	5	
	13									9999	9987	9846	4	
	14										9998	9962	3	
	15											9993	2	
	16											9999	1	
19	0	0,6812	5606	4604	3774	1351	0313	0144	0011	$000\bar{5}$	0001	0000	18	19
	1	9454	8900	8249	7547	4203	1502	0829	0104	0047	0008	0000	17	
	2	9939	9817	9616	$933\bar{5}$	7054	3643	2369	0462	0240	$005\bar{5}$	0004	16	
	3	$999\dot{5}$	9978	9939	9868	$88\dot{5}0$	6070	4551	1332	0787	0230	0022	15	
	4		9998	9993	9980	9648	8011	6733	2822	1879	0696	0096	14	
	5			9999	9998	9914	9176	8369	4739	3519	1629	0318	13	
	6					9983	9719	9324	$665\dot{5}$	5431	3081	$083\dot{5}$	12	
	7					9997	9921	9767	8180	7207	4878	1796	11	
	8						9982	9933	9161	8538	$667\bar{5}$	3238	10	
	9						9996	9984	9674	9352	8139	5000	9	
	10						9999	9997	$989\bar{5}$	9759	$911\dot{5}$	6762	8	
	11								9972	9926	9648	8204	7	
	12								9994	9981	9884	$916\bar{5}$	6	
	13								9999	9996	9969	9682	5	
	14									9999	9994	9904	4	
	15										9999	9978	3	
	16											9996	2	
	17												1	
n		p = 0,98	0,97	0,96	0,95	0,90	5/6	0,80	0,70	2/3	0,60	0,50	k	n

Nicht aufgeführte Werte sind (auf 4 Dez.) 1,0000.

Bei rot unterlegtem Eingang: $F_B(k; n; p) = 1 -$ abgelesener Wert

F_B

Binomialverteilung

Verteilungsfunktion

$$F_B(k; n; p) = \sum_{i=0}^{k} \binom{n}{i} p^i q^{n-i}$$

n	k	0,02	0,03	0,04	0,05	0,10	1/6	0,20	0,30	1/3	0,40	0,50	k	n
20	0	0,6676	5438	4420	3585̅	1216	0261	0115̇	0008	0003	0000	0000	19	20
	1	9401	8802	8103	7358	3917	1304	0692	0076	0033	0005̇	0000	18	
	2	9929	9790	9561	9245	6769	3287	2061	0355̅	0176	0036	0002	17	
	3	9994	9973	9926	9841	8670	5665̇	4114	1071	0604	0160	0013	16	
	4		9997	9990	9974	9568	7687	6296	2375̇	1515̇	0510	0059	15	
	5			9999	9997	9887	8982	8042	4164	2972	1256	0207	14	
	6					9976	9629	9133	6080	4793	25̇00	0577	13	
	7					9996	9887	9679	7723	6615̅	4159	1316	12	
	8					9999	9972	9900	8867	8095̅	5956	2517	11	
	9						9994	9974	9520	9081	7553	4119	10	
	10						9999	9994	9829	9624	8725̅	5881	9	
	11							9999	9949	9870	9435̅	7483	8	
	12								9987	9963	9790	8684	7	
	13								9997	9991	9935̇	9423	6	
	14									9998	9984	9793	5	
	15										9997	9941	4	
	16											9987	3	
	17	Nicht aufgeführte Werte sind (auf 4 Dez.) 1,0000.										9998	2	
50	0	0,3642	2181	1299	0769	0052	0001	0000	0000	0000	0000	0000	49	50
	1	7358	5553	4005̅	2794	0338	0012	0002	0000	0000	0000	0000	48	
	2	9216	8108	6767	5405̇	1117	0066	0013	0000	0000	0000	0000	47	
	3	9822	9372	8609	7604	2503	0238	0057	0000	0000	0000	0000	46	
	4	9968	9832	9510	8964	4312	0643	0185̅	0002	0000	0000	0000	45	
	5	9995̇	9963	9856	9622	6161	1388	0480	0007	0001	0000	0000	44	
	6	9999	9993	9964	9882	7702	2506	1034	0025̅	0005̇	0000	0000	43	
	7		9999	9992	9968	8779	3911	1904	0073	0017	0000	0000	42	
	8			9999	9992	9421	5421	3073	0183	005̇0	0002	0000	41	
	9				9998	9755̅	6830	4437	0402	0127	0008	0000	40	
	10					9906	7986	5836	0789	0284	0022	0000	39	
	11					9968	8827	7107	1390	0570	0057	0000	38	
	12					9990	9373	8139	2229	1035̇	0133	0002	37	
	13					9997	9693	8894	3279	1715̅	0280	0005̅	36	
	14					9999	9862	9393	4468	2612	0540	0013	35	
	p	0,98	0,97	0,96	0,95	0,90								
	15						0,9943	9692	5692	3690	0955̇	0033	34	
	16						9978	9856	6839	4868	1561	0077	33	
	17						9992	9937	7822	6046	2369	0164	32	
	18						9998	9975̅	8594	7126	3356	0325̅	31	
	19						9999	9991	9152	8036	4465̅	0595̅	30	
	20							9997	9522	8741	5610	1013	29	
	21							9999	9749	9244	6701	1611	28	
	22								9877	9576	7660	2399	27	
	23								9944	9778	8438	3359	26	
	24								9976	9892	9022	4439	25	
	25								9991	9951	9427	5561	24	
	26								9997	9979	9686	6641	23	
	27								9999	9992	9840	7601	22	
	28									9997	9924	8389	21	
	29									9999	9966	8987	20	
n							5/6	0,80	0,70	2/3	0,60	0,50	k	n

n = 50:

k	0,40	0,50	k
30	0,9986	9405̇	19
31	9995̅	9675̇	18
32	9998	9836	17
33	9999	9923	16
34		9967	15
35		9987	14
36		9995̇	13
37		9998	12
	0,60	0,50	k

$q = 1 - p$

Bei rot unterlegtem Eingang: $F_B(k; n; p) = 1 -$ abgelesener Wert

Beispiel: $F_B(17; 50; 0{,}6) = 1 - 0{,}9998 = 0{,}0002$

$$F_B(k;n;p) = \sum_{i=0}^{k} \binom{n}{i} p^i q^{n-i}$$

Binomialverteilung

Verteilungsfunktion

n = 100

k	p = 0,02	0,03	0,04	0,05	0,10	1/6	0,20	0,30	1/3	0,40	0,50	k
0	0,1326	0476	0169	0059	0000	0000	0000	0000	0000	0000	0000	99
1	4033	1946	0872	0371	0003	0000	0000	0000	0000	0000	0000	98
2	6767	4198	2321	1183	0019	0000	0000	0000	0000	0000	0000	97
3	8590	6472	4295̅	2578	0078	0000	0000	0000	0000	0000	0000	96
4	9492	8179	6289	4360	0237	0001	0000	0000	0000	0000	0000	95
5	9845̇	9192	7884	6160	0576	0004	0000	0000	0000	0000	0000	94
6	9959	9688	8936	7660	1172	0013	0001	0000	0000	0000	0000	93
7	9991	9894	9525̅	8720	2061	0038	0003	0000	0000	0000	0000	92
8	9998	9968	9810	9369	3209	0095̇	0009	0000	0000	0000	0000	91
9		9991	9932	9718	4513	0213	0023	0000	0000	0000	0000	90
10		9998	9978	9885̇	5832	0427	0057	0000	0000	0000	0000	89
11			9993	9957	7030	0777	0126	0000	0000	0000	0000	88
12			9998	9985̇	8018	1297	0253	0000	0000	0000	0000	87
13				9995̇	8761	2000	0469	0001	0000	0000	0000	86
14				9999	9274	2874	0804	0002	0000	0000	0000	85
15					9601	3877	1285̇	0004	0000	0000	0000	84
16					9794	4942	1923	0010	0001	0000	0000	83
17					9900	5994	2712	0022	0002	0000	0000	82
18					9954	6965̅	3621	0045̇	0005̅	0000	0000	81
19					9980	7803	4602	0089	0011	0000	0000	80
20					9992	8481	5595̅	0165̅	0024	0000	0000	79
21					9997	8998	6540	0288	0048	0000	0000	78
22					9999	9370	7389	0479	0091	0001	0000	77
23						9621	8109	0755̇	0164	0003	0000	76
	p = 0,98	0,97	0,96	0,95	0,90							

k	p = 1/6	0,20	0,30	1/3	0,40	0,50	k
24	0,9783	8686	1136	0281	0006	0000	75
25	9881	9125̇	1631	0458	0012	0000	74
26	9938	9442	2244	0715̅	0024	0000	73
27	9969	9658	2964	1066	0046	0000	72
28	9985̇	9800	3768	1524	0084	0000	71
29	9993	9888	4623	2093	0148	0000	70
30	9997	9939	5491	2766	0248	0000	69
31	9999	9969	6331	3525̇	0398	0001	68
32		9985̅	7107	4344	0615̇	0002	67
33		9993	7793	5188	0913	0004	66
34		9997	8371	6019	1303	0009	65
35		9999	8839	6803	1795̅	0018	64
36		9999	9201	7511	2386	0033	63
37			9470	8123	3068	0060	62
38			9660	8630	3822	0105̅	61
39			9790	9034	4621	0176	60
40			9875̇	9341	5433	0284	59
41			9928	9566	6225̇	0443	58
42			9960	9724	6967	0666	57
43			9979	9831	7635̅	0967	56
44			9989	9900	8211	1356	55
45			9995̅	9943	8689	1841	54
46			9997	9969	9070	2421	53
47			9999	9983	9362	3087	52
48			9999	9991	9577	3822	51
n	p = 5/6	0,80	0,70	2/3	0,60	0,50	k

k	p = 1/3	0,40	0,50	k
49	0,9996	9729	4602	50
50	9998	9832	5398	49
51	9999	9900	6178	48
52		9942	6914	47
53		9968	7579	46
54		9983	8159	45
55		9991	8644	44
56		9996	9033	43
57		9998	9334	42
58		9999	9557	41
59			9716	40
60			9824	39
61			9895̇	38
62			9940	37
63			9967	36
64			9982	35
65			9991	34
66			9996	33
67			9998	32
68			9999	31
n	p = 2/3	0,60	0,50	k

Beispiel: $F_B(60; 100; 0{,}50) = 0{,}9824$; Nicht aufgeführte Werte sind (auf 4 Dez.) 1,0000.

F_B

Poissonverteilung

Verteilungsfunktion

$$F_P(k;\lambda) = \sum_{i=0}^{k} \frac{\lambda^i}{i!} e^{-\lambda}$$

k	λ = 0,1	0,2	0,3	0,4	0,5	0,6	0,7	0,8	0,9	1,0	1,1	1,2	k
0	0,9048	8187	7408	6703	6065	5488	4966	4493	4066	3679	3329	3012	0
1	9953	9825	9631	9384	9098	8781	8442	8088	7725	7358	6990	6626	1
2	9998	9989	9964	9921	9856	9769	9659	9526	9371	9197	9004	8795	2
3		9999	9997	9992	9982	9966	9942	9909	9865	9810	9743	9662	3
4				9999	9998	9996	9992	9986	9977	9963	9946	9923	4
5							9999	9998	9997	9994	9990	9985	5
6	Nicht aufgeführte Werte sind (auf 4 Dez.) 1,0000.									9999	9999	9997	6

k	λ = 1,3	1,4	1,5	1,6	1,7	1,8	1,9	2,0	2,1	2,2	2,3	2,4	k
0	0,2725	2466	2231	2019	1827	1653	1496	1353	1225	1108	1003	0907	0
1	6268	5918	5578	5249	4932	4628	4337	4060	3796	3546	3309	3084	1
2	8571	8335	8088	7834	7572	7306	7037	6767	6496	6227	5960	5697	2
3	9569	9463	9344	9212	9068	8913	8747	8571	8386	8194	7993	7787	3
4	9893	9857	9814	9763	9704	9636	9559	9473	9379	9275	9162	9041	4
5	9978	9968	9955	9940	9920	9896	9868	9834	9796	9751	9700	9643	5
6	9996	9994	9991	9987	9981	9974	9966	9955	9941	9925	9906	9884	6
7	9999	9999	9998	9997	9996	9994	9992	9989	9985	9980	9974	9967	7
8					9999	9999	9998	9998	9997	9995	9994	9991	8
9									9999	9999	9999	9998	9

k	λ = 2,5	2,6	2,7	2,8	2,9	3,0	3,1	3,2	3,3	3,4	3,5	3,6	k
0	0,0821	0743	0672	0608	0550	0498	0450	0408	0369	0334	0302	0273	0
1	2873	2674	2487	2311	2146	1991	1847	1712	1586	1468	1359	1257	1
2	5438	5184	4936	4695	4460	4232	4012	3799	3594	3397	3208	3027	2
3	7576	7360	7141	6919	6696	6472	6248	6025	5803	5584	5366	5152	3
4	8912	8774	8629	8477	8318	8153	7982	7806	7626	7442	7254	7064	4
5	9580	9510	9433	9349	9258	9161	9057	8946	8829	8705	8576	8441	5
6	9858	9828	9794	9756	9713	9665	9612	9554	9490	9421	9347	9267	6
7	9958	9947	9934	9919	9901	9881	9858	9832	9802	9769	9733	9692	7
8	9989	9985	9981	9976	9969	9962	9953	9943	9931	9917	9901	9883	8
9	9997	9996	9995	9993	9991	9989	9986	9982	9978	9973	9967	9960	9
10	9999	9999	9999	9998	9998	9997	9996	9995	9994	9992	9990	9987	10
11					9999	9999	9999	9999	9998	9998	9997	9996	11
12										9999	9999	9999	12

k	λ = 3,7	3,8	3,9	4,0	4,1	4,2	4,3	4,4	4,5	4,6	4,7	4,8	k
0	0,0247	0224	0202	0183	0166	0150	0136	0123	0111	0101	0091	0082	0
1	1162	1074	0992	0916	0845	0780	0719	0663	0611	0563	0518	0477	1
2	2854	2689	2531	2381	2238	2102	1974	1851	1736	1626	1523	1425	2
3	4942	4735	4532	4335	4142	3954	3772	3594	3423	3257	3097	2942	3
4	6872	6678	6484	6288	6093	5898	5704	5512	5321	5132	4946	4763	4
5	8301	8156	8006	7851	7693	7531	7367	7199	7029	6858	6684	6510	5
6	9182	9091	8995	8893	8786	8675	8558	8436	8311	8180	8046	7908	6
7	9648	9599	9546	9489	9427	9361	9290	9214	9134	9049	8960	8867	7
8	9863	9840	9815	9786	9755	9721	9683	9642	9597	9549	9497	9442	8
9	9952	9942	9931	9919	9905	9889	9871	9851	9829	9805	9778	9749	9
10	9984	9981	9977	9972	9966	9959	9952	9943	9933	9922	9910	9896	10
11	9995	9994	9993	9991	9989	9986	9983	9980	9976	9971	9966	9960	11
12	9999	9998	9998	9997	9997	9996	9995	9993	9992	9990	9988	9986	12
13			9999	9999	9999	9999	9998	9998	9997	9997	9996	9995	13
14								9999	9999	9999	9999	9999	14

$$f_P(k;\lambda) = F_P(k;\lambda) - F_P(k-1;\lambda)$$

Beisp.: $F_P(6; 3{,}8) = 0{,}9091$; $f_P(3; 0{,}8) = F_P(3; 0{,}8) - F_P(2; 0{,}8) = 0{,}9909 - 0{,}9526 = 0{,}0383$

$$\varphi(z) = \frac{1}{\sqrt{2\pi}}\, e^{-\frac{1}{2} z^2}$$

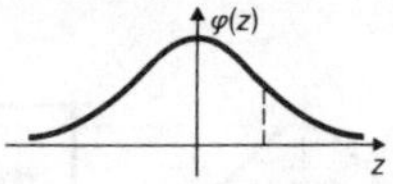

Standardnormalverteilung

Dichtefunktion $\varphi : z \longmapsto \varphi(z)$

z	0	1	2	3	4	5	6	7	8	9
0,0	0,3989	3989	3989	3988	3986	3984	3982	3980	3977	3973
0,1	3970	3965̇	3961	3956	3951	3945̄	3939	3932	3925̇	3918
0,2	3910	3902	3894	3885̇	3876	3867	3857	3847	3836	3825̇
0,3	3814	3802	3790	3778	3765̇	3752	3739	3725̇	3712	3697
0,4	3683	3668	3653	3637	3621	3605̇	3589	3572	3555̇	3538
0,5	0,3521	3503	3485̄	3467	3448	3429	3410	3391	3372	3352
0,6	3332	3312	3292	3271	3251	3230	3209	3187	3166	3144
0,7	3123	3101	3079	3056	3034	3011	2989	2966	2943	2920
0,8	2897	2874	285̇0	2827	2803	2780	2756	2732	2709	2685̄
0,9	2661	2637	2613	2589	2565̄	2541	2516	2492	2468	2444
1,0	0,2420	2396	2371	2347	2323	2299	2275̄	2251	2227	2203
1,1	2179	2155̄	2131	2107	2083	2059	2036	2012	1989	1965̇
1,2	1942	1919	1895̇	1872	1849	1826	1804	1781	1758	1736
1,3	1714	1691	1669	1647	1626	1604	1582	1561	1539	1518
1,4	1497	1476	1456	1435̇	1415̄	1394	1374	1354	1334	1315̇
1,5	0,1295̇	1276	1257	1238	1219	1200	1182	1163	1145̇	1127
1,6	1109	1092	1074	1057	1040	1023	1006	0989	0973	0957
1,7	0940	0925̄	0909	0893	0878	0863	0848	0833	0818	0804
1,8	0790	0775	0761	0748	0734	0721	0707	0694	0681	0669
1,9	0656	0644	0632	0620	0608	0596	0584	0573	0562	0551
2,0	0,0540	0529	0519	0508	0498	0488	0478	0468	0459	0449
2,1	0440	0431	0422	0413	0404	0396	0387	0379	0371	0363
2,2	0355̄	0347	0339	0332	0325̄	0317	0310	0303	0297	0290
2,3	0283	0277	0270	0264	0258	0252	0246	0241	0235̄	0229
2,4	0224	0219	0213	0208	0203	0198	0194	0189	0184	0180
2,5	0,0175̇	0171	0167	0163	0158	0154	0151	0147	0143	0139
2,6	0136	0132	0129	0126	0122	0119	0116	0113	0110	0107
2,7	0104	0101	0099	0096	0093	0091	0088	0086	0084	0081
2,8	0079	0077	0075̄	0073	0071	0069	0067	0065̄	0063	0061
2,9	0060	0058	0056	0055̄	0053	0051	005̄0	0048	0047	0046
3,0	0,0044	0043	0042	0040	0039	0038	0037	0036	0035̄	0034
3,1	0033	0032	0031	0030	0029	0028	0027	0026	0025̇	0025̄
3,2	0024	0023	0022	0022	0021	0020	0020	0019	0018	0018
3,3	0017	0017	0016	0016	0015̇	0015̄	0014	0014	0013	0013
3,4	0012	0012	0012	0011	0011	0010	0010	0010	0009	0009
z	0	1	2	3	4	5	6	7	8	9

z	0	2	4	5	6	8
3,5	0,0008 727	0008 135̇	0007 581	0007 317	0007 061	0006 575̄
3,6	0006 119	0005 693	0005 294	0005 105̄	0004 921	0004 573
3,7	0004 248	0003 944	0003 661	0003 526	0003 396	0003 149
3,8	0002 919	0002 705̇	0002 506	0002 411	0002 320	0002 147
3,9	0001 987	0001 837	0001 698	0001 633	0001 569	0001 449
4,0	0,0001 338	0001 235̇	0001 140	0001 094	0001 051	0000 969
4,1	0000 893	0000 822	0000 757	0000 726	0000 697	0000 641
4,2	0000 589	0000 542	0000 498	0000 477	0000 457	0000 420
4,3	0000 385̇	0000 354	0000 324	0000 310	0000 297	0000 272
4,4	0000 249	0000 228	0000 209	0000 200	0000 191	0000 175̄
4,5	0,0000 160	0000 146	0000 133	0000 127	0000 122	0000 111
4,6	0000 101	0000 092	0000 084	0000 080	0000 077	0000 070
4,7	0000 064	0000 058	0000 053	0000 050	0000 048	0000 044
4,8	0000 040	0000 036	0000 033	0000 031	0000 030	0000 027
4,9	0000 024	0000 022	0000 020	0000 019	0000 018	0000 016
z	0	2	4	5	6	8

φ (z)

$$\varphi(-z) = \varphi(z)$$

Beispiele: $\varphi(2{,}51) = 0{,}0171$; $\varphi(-1{,}05) = 0{,}2299$; $\varphi(4{,}42) = 0{,}0000\,228$

Standardnormalverteilung

Verteilungsfunktion Φ : $z \longmapsto \Phi(z)$

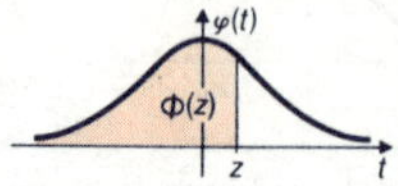

$$\Phi(z) = \frac{1}{\sqrt{2\pi}} \int_{-\infty}^{z} e^{-\frac{1}{2}t^2}\, dt$$

z	0	1	2	3	4	5	6	7	8	9
0,00	0,5000	5004	5008	5012	5016	5020	5024	5028	5032	5036
0,01	5040	5044	5048	5052	5056	5060	5064	5068	5072	5076
0,02	5080	5084	5088	5092	5096	5100	5104	5108	5112	5116
0,03	5120	5124	5128	5132	5136	5140	5144	5148	5152	5156
0,04	5160	5164	5168	5171	5175	5179	5183	5187	5191	5195
0,05	0,5199	5203	5207	5211	5215	5219	5223	5227	5231	5235
0,06	5239	5243	5247	5251	5255	5259	5263	5267	5271	5275
0,07	5279	5283	5287	5291	5295	5299	5303	5307	5311	5315
0,08	5319	5323	5327	5331	5335	5339	5343	5347	5351	5355
0,09	5359	5363	5367	5370	5374	5378	5382	5386	5390	5394
0,10	0,5398	5402	5406	5410	5414	5418	5422	5426	5430	5434
0,11	5438	5442	5446	5450	5454	5458	5462	5466	5470	5474
0,12	5478	5482	5486	5489	5493	5497	5501	5505	5509	5513
0,13	5517	5521	5525	5529	5533	5537	5541	5545	5549	5553
0,14	5557	5561	5565	5569	5572	5576	5580	5584	5588	5592
0,15	0,5596	5600	5604	5608	5612	5616	5620	5624	5628	5632
0,16	5636	5640	5643	5647	5651	5655	5659	5663	5667	5671
0,17	5675	5679	5683	5687	5691	5695	5699	5702	5706	5710
0,18	5714	5718	5722	5726	5730	5734	5738	5742	5746	5750
0,19	5753	5757	5761	5765	5769	5773	5777	5781	5785	5789
0,20	0,5793	5797	5800	5804	5808	5812	5816	5820	5824	5828
0,21	5832	5836	5839	5843	5847	5851	5855	5859	5863	5867
0,22	5871	5875	5878	5882	5886	5890	5894	5898	5902	5906
0,23	5910	5913	5917	5921	5925	5929	5933	5937	5941	5944
0,24	5948	5952	5956	5960	5964	5968	5972	5975	5979	5983
0,25	0,5987	5991	5995	5999	6003	6006	6010	6014	6018	6022
0,26	6026	6030	6033	6037	6041	6045	6049	6053	6057	6060
0,27	6064	6068	6072	6076	6080	6083	6087	6091	6095	6099
0,28	6103	6106	6110	6114	6118	6122	6126	6129	6133	6137
0,29	6141	6145	6149	6152	6156	6160	6164	6168	6171	6175
0,30	0,6179	6183	6187	6191	6194	6198	6202	6206	6210	6213
0,31	6217	6221	6225	6229	6232	6236	6240	6244	6248	6251
0,32	6255	6259	6263	6267	6270	6274	6278	6282	6285	6289
0,33	6293	6297	6301	6304	6308	6312	6316	6319	6323	6327
0,34	6331	6334	6338	6342	6346	6350	6353	6357	6361	6365
0,35	0,6368	6372	6376	6380	6383	6387	6391	6395	6398	6402
0,36	6406	6410	6413	6417	6421	6424	6428	6432	6436	6439
0,37	6443	6447	6451	6454	6458	6462	6465	6469	6473	6477
0,38	6480	6484	6488	6491	6495	6499	6503	6506	6510	6514
0,39	6517	6521	6525	6528	6532	6536	6539	6543	6547	6551
0,40	0,6554	6558	6562	6565	6569	6573	6576	6580	6584	6587
0,41	6591	6595	6598	6602	6606	6609	6613	6617	6620	6624
0,42	6628	6631	6635	6639	6642	6646	6649	6653	6657	6660
0,43	6664	6668	6671	6675	6679	6682	6686	6689	6693	6697
0,44	6700	6704	6708	6711	6715	6718	6722	6726	6729	6733
0,45	0,6736	6740	6744	6747	6751	6754	6758	6762	6765	6769
0,46	6772	6776	6780	6783	6787	6790	6794	6798	6801	6805
0,47	6808	6812	6815	6819	6823	6826	6830	6833	6837	6840
0,48	6844	6847	6851	6855	6858	6862	6865	6869	6872	6876
0,49	6879	6883	6886	6890	6893	6897	6901	6904	6908	6911
z	0	1	2	3	4	5	6	7	8	9

$$\Phi(-z) = 1 - \Phi(z)$$

Beispiele: $\Phi(0{,}406) = 0{,}6576$; $\Phi(-0{,}157) = 1 - \Phi(0{,}157) = 1 - 0{,}5624 = 0{,}4376$

$$\Phi(z) = \frac{1}{\sqrt{2\pi}} \int_{-\infty}^{z} e^{-\frac{1}{2}t^2}\,dt$$

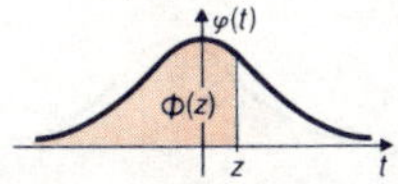

Standardnormalverteilung

Verteilungsfunktion Φ : $z \longmapsto \Phi(z)$

z	0	1	2	3	4	5	6	7	8	9
0,50	0,6915	6918	6922	6925	6929	6932	6936	6939	6943	6946
0,51	6950	6953	6957	6960	6964	6967	6971	6974	6978	6981
0,52	6985	6988	6992	6995	6999	7002	7006	7009	7013	7016
0,53	7019	7023	7026	7030	7033	7037	7040	7044	7047	7051
0,54	7054	7057	7061	7064	7068	7071	7075	7078	7082	7085
0,55	0,7088	7092	7095	7099	7102	7106	7109	7112	7116	7119
0,56	7123	7126	7129	7133	7136	7140	7143	7146	7150	7153
0,57	7157	7160	7163	7167	7170	7174	7177	7180	7184	7187
0,58	7190	7194	7197	7201	7204	7207	7211	7214	7217	7221
0,59	7224	7227	7231	7234	7237	7241	7244	7247	7251	7254
0,60	0,7257	7261	7264	7267	7271	7274	7277	7281	7284	7287
0,61	7291	7294	7297	7301	7304	7307	7311	7314	7317	7320
0,62	7324	7327	7330	7334	7337	7340	7343	7347	7350	7353
0,63	7357	7360	7363	7366	7370	7373	7376	7379	7383	7386
0,64	7389	7392	7396	7399	7402	7405	7409	7412	7415	7418
0,65	0,7422	7425	7428	7431	7434	7438	7441	7444	7447	7451
0,66	7454	7457	7460	7463	7467	7470	7473	7476	7479	7483
0,67	7486	7489	7492	7495	7498	7502	7505	7508	7511	7514
0,68	7517	7521	7524	7527	7530	7533	7536	7540	7543	7546
0,69	7549	7552	7555	7558	7562	7565	7568	7571	7574	7577
0,70	0,7580	7583	7587	7590	7593	7596	7599	7602	7605	7608
0,71	7611	7615	7618	7621	7624	7627	7630	7633	7636	7639
0,72	7642	7645	7649	7652	7655	7658	7661	7664	7667	7670
0,73	7673	7676	7679	7682	7685	7688	7691	7694	7697	7700
0,74	7704	7707	7710	7713	7716	7719	7722	7725	7728	7731
0,75	0,7734	7737	7740	7743	7746	7749	7752	7755	7758	7761
0,76	7764	7767	7770	7773	7776	7779	7782	7785	7788	7791
0,77	7794	7796	7799	7802	7805	7808	7811	7814	7817	7820
0,78	7823	7826	7829	7832	7835	7838	7841	7844	7847	7849
0,79	7852	7855	7858	7861	7864	7867	7870	7873	7876	7879
0,80	0,7881	7884	7887	7890	7893	7896	7899	7902	7905	7907
0,81	7910	7913	7916	7919	7922	7925	7927	7930	7933	7936
0,82	7939	7942	7945	7947	7950	7953	7956	7959	7962	7964
0,83	7967	7970	7973	7976	7979	7981	7984	7987	7990	7993
0,84	7995	7998	8001	8004	8007	8009	8012	8015	8018	8021
0,85	0,8023	8026	8029	8032	8034	8037	8040	8043	8046	8048
0,86	8051	8054	8057	8059	8062	8065	8068	8070	8073	8076
0,87	8078	8081	8084	8087	8089	8092	8095	8098	8100	8103
0,88	8106	8108	8111	8114	8117	8119	8122	8125	8127	8130
0,89	8133	8135	8138	8141	8143	8146	8149	8151	8154	8157
0,90	0,8159	8162	8165	8167	8170	8173	8175	8178	8181	8183
0,91	8186	8189	8191	8194	8196	8199	8202	8204	8207	8210
0,92	8212	8215	8217	8220	8223	8225	8228	8230	8233	8236
0,93	8238	8241	8243	8246	8248	8251	8254	8256	8259	8261
0,94	8264	8266	8269	8272	8274	8277	8279	8282	8284	8287
0,95	0,8289	8292	8295	8297	8300	8302	8305	8307	8310	8312
0,96	8315	8317	8320	8322	8325	8327	8330	8332	8335	8337
0,97	8340	8342	8345	8347	8350	8352	8355	8357	8360	8362
0,98	8365	8367	8370	8372	8374	8377	8379	8382	8384	8387
0,99	8389	8392	8394	8396	8399	8401	8404	8406	8409	8411
z	0	1	2	3	4	5	6	7	8	9

$P(z_1 \leqq Z \leqq z_2) = \Phi(z_2) - \Phi(z_1)$; $P(-z \leqq Z \leqq z) = 2 \cdot \Phi(z) - 1$

Beispiele: $P(0{,}650 \leqq Z \leqq 0{,}850) = \Phi(0{,}850) - \Phi(0{,}650) = 0{,}8023 - 0{,}7422 = 0{,}0601$

$P(-0{,}750 \leqq Z \leqq 0{,}750) = 2 \cdot \Phi(0{,}750) - 1 = 2 \cdot 0{,}7734 - 1 = 0{,}5468$

$\Phi(z)$

Standardnormalverteilung

Verteilungsfunktion Φ : $z \longmapsto \Phi(z)$

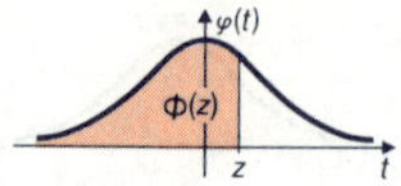

$$\Phi(z) = \frac{1}{\sqrt{2\pi}} \int_{-\infty}^{z} e^{-\frac{1}{2}t^2}\,dt$$

z	0	1	2	3	4	5	6	7	8	9
1,00	0,8413	8416	8418	8421	8423	8426	8428	8430	8433	8435
1,01	8438	8440	8442	8445	8447	8449	8452	8454	8457	8459
1,02	8461	8464	8466	8468	8471	8473	8476	8478	8480	8483
1,03	8485	8487	8490	8492	8494	8497	8499	8501	8504	8506
1,04	8508	8511	8513	8515	8518	8520	8522	8525	8527	8529
1,05	0,8531	8534	8536	8538	8541	8543	8545	8547	8550	8552
1,06	8554	8557	8559	8561	8563	8566	8568	8570	8572	8575
1,07	8577	8579	8581	8584	8586	8588	8590	8593	8595	8597
1,08	8599	8602	8604	8606	8608	8610	8613	8615	8617	8619
1,09	8621	8624	8626	8628	8630	8632	8635	8637	8639	8641
1,10	0,8643	8646	8648	8650	8652	8654	8656	8659	8661	8663
1,11	8665	8667	8669	8671	8674	8676	8678	8680	8682	8684
1,12	8686	8689	8691	8693	8695	8697	8699	8701	8703	8706
1,13	8708	8710	8712	8714	8716	8718	8720	8722	8724	8726
1,14	8729	8731	8733	8735	8737	8739	8741	8743	8745	8747
1,15	0,8749	8751	8753	8755	8757	8760	8762	8764	8766	8768
1,16	8770	8772	8774	8776	8778	8780	8782	8784	8786	8788
1,17	8790	8792	8794	8796	8798	8800	8802	8804	8806	8808
1,18	8810	8812	8814	8816	8818	8820	8822	8824	8826	8828
1,19	8830	8832	8834	8836	8838	8840	8842	8843	8845	8847
1,20	0,8849	8851	8853	8855	8857	8859	8861	8863	8865	8867
1,21	8869	8871	8872	8874	8876	8878	8880	8882	8884	8886
1,22	8888	8890	8891	8893	8895	8897	8899	8901	8903	8905
1,23	8907	8908	8910	8912	8914	8916	8918	8920	8921	8923
1,24	8925	8927	8929	8931	8933	8934	8936	8938	8940	8942
1,25	0,8944	8945	8947	8949	8951	8953	8954	8956	8958	8960
1,26	8962	8963	8965	8967	8969	8971	8972	8974	8976	8978
1,27	8980	8981	8983	8985	8987	8988	8990	8992	8994	8996
1,28	8997	8999	9001	9003	9004	9006	9008	9010	9011	9013
1,29	9015	9016	9018	9020	9022	9023	9025	9027	9029	9030
1,30	0,9032	9034	9035	9037	9039	9041	9042	9044	9046	9047
1,31	9049	9051	9052	9054	9056	9057	9059	9061	9062	9064
1,32	9066	9067	9069	9071	9072	9074	9076	9077	9079	9081
1,33	9082	9084	9086	9087	9089	9091	9092	9094	9096	9097
1,34	9099	9100	9102	9104	9105	9107	9108	9110	9112	9113
1,35	0,9115	9117	9118	9120	9121	9123	9125	9126	9128	9129
1,36	9131	9132	9134	9136	9137	9139	9140	9142	9143	9145
1,37	9147	9148	9150	9151	9153	9154	9156	9157	9159	9161
1,38	9162	9164	9165	9167	9168	9170	9171	9173	9174	9176
1,39	9177	9179	9180	9182	9183	9185	9186	9188	9189	9191
1,40	0,9192	9194	9195	9197	9198	9200	9201	9203	9204	9206
1,41	9207	9209	9210	9212	9213	9215	9216	9218	9219	9221
1,42	9222	9223	9225	9226	9228	9229	9231	9232	9234	9235
1,43	9236	9238	9239	9241	9242	9244	9245	9246	9248	9249
1,44	9251	9252	9253	9255	9256	9258	9259	9261	9262	9263
1,45	0,9265	9266	9267	9269	9270	9272	9273	9274	9276	9277
1,46	9279	9280	9281	9283	9284	9285	9287	9288	9289	9291
1,47	9292	9294	9295	9296	9298	9299	9300	9302	9303	9304
1,48	9306	9307	9308	9310	9311	9312	9314	9315	9316	9318
1,49	9319	9320	9322	9323	9324	9325	9327	9328	9329	9331
z	0	1	2	3	4	5	6	7	8	9

$$\Phi(-z) = 1 - \Phi(z)$$

$$\Phi(z) = \frac{1}{\sqrt{2\pi}} \int_{-\infty}^{z} e^{-\frac{1}{2}t^2}\, dt$$

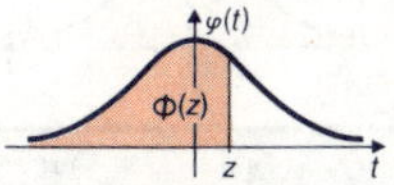

Standardnormalverteilung

Verteilungsfunktion Φ : z ⟼ Φ (z)

z	0	1	2	3	4	5	6	7	8	9
1,50	0,9332	9333	9335̄	9336	9337	9338	9340	9341	9342	9344
1,51	9345̄	9346	9347	9349	935̄0	9351	9352	9354	9355̄	9356
1,52	9357	9359	9360	9361	9362	9364	9365̄	9366	9367	9369
1,53	9370	9371	9372	9374	9375̄	9376	9377	9379	9380	9381
1,54	9382	9383	9385̄	9386	9387	9388	9389	9391	9392	9393
1,55	0,9394	9395̇	9397	9398	9399	9400	9401	9403	9404	9405̇
1,56	9406	9407	9409	9410	9411	9412	9413	9414	9416	9417
1,57	9418	9419	9420	9421	9423	9424	9425̄	9426	9427	9428
1,58	9429	9431	9432	9433	9434	9435̇	9436	9437	9439	9440
1,59	9441	9442	9443	9444	9445̇	9446	9448	9449	945̄0	9451
1,60	0,9452	9453	9454	9455̇	9456	9458	9459	9460	9461	9462
1,61	9463	9464	9465	9466	9467	9468	9470	9471	9472	9473
1,62	9474	9475̄	9476	9477	9478	9479	9480	9481	9482	9483
1,63	9484	9486	9487	9488	9489	9490	9491	9492	9493	9494
1,64	9495̄	9496	9497	9498	9499	95̇00	9501	9502	9503	9504
1,65	0,9505̇	9506	9507	9508	9509	9510	9511	9512	9513	9514
1,66	9515̇	9516	9517	9518	9519	9520	9521	9522	9523	9524
1,67	9525̇	9526	9527	9528	9529	9530	9531	9532	9533	9534
1,68	9535̇	9536	9537	9538	9539	9540	9541	9542	9543	9544
1,69	9545̄	9546	9547	9548	9549	955̄0	9551	9552	9552	9553
1,70	0,9554	9555̇	9556	9557	9558	9559	9560	9561	9562	9563
1,71	9564	9565̄	9566	9566	9567	9568	9569	9570	9571	9572
1,72	9573	9574	9575̄	9576	9576	9577	9578	9579	9580	9581
1,73	9582	9583	9584	9585̄	9585	9586	9587	9588	9589	9590
1,74	9591	9592	9592	9593	9594	9595̇	9596	9597	9598	9599
1,75	0,9599	9600	9601	9602	9603	9604	9605̄	9605̇	9606	9607
1,76	9608	9609	9610	9610	9611	9612	9613	9614	9615̄	9616
1,77	9616	9617	9618	9619	9620	9621	9621	9622	9623	9624
1,78	9625̄	9625̇	9626	9627	9628	9629	9630	9630	9631	9632
1,79	9633	9634	9634	9635̇	9636	9637	9638	9638	9639	9640
1,80	0,9641	9641	9642	9643	9644	9645̄	9645̇	9646	9647	9648
1,81	9649	9649	9650	9651	9652	9652	9653	9654	9655̄	9655̇
1,82	9656	9657	9658	9658	9659	9660	9661	9662	9662	9663
1,83	9664	9664	9665̇	9666	9667	9667	9668	9669	9670	9670
1,84	9671	9672	9673	9673	9674	9675̄	9676	9676	9677	9678
1,85	0,9678	9679	9680	9681	9681	9682	9683	9683	9684	9685̄
1,86	9686	9686	9687	9688	9688	9689	9690	9690	9691	9692
1,87	9693	9693	9694	9695̄	9695̇	9696	9697	9697	9698	9699
1,88	9699	9700	9701	9701	9702	9703	9704	9704	9705̄	9706
1,89	9706	9707	9708	9708	9709	9710	9710	9711	9712	9712
1,90	0,9713	9713	9714	9715̄	9715̇	9716	9717	9717	9718	9719
1,91	9719	9720	9721	9721	9722	9723	9723	9724	9724	9725
1,92	9726	9726	9727	9728	9728	9729	9729	9730	9731	9731
1,93	9732	9733	9733	9734	9734	9735̇	9736	9736	9737	9737
1,94	9738	9739	9739	9740	9741	9741	9742	9742	9743	9744
1,95	0,9744	9745̄	9745̇	9746	9746	9747	9748	9748	9749	9749
1,96	975̇0	9751	9751	9752	9752	9753	9754	9754	9755̄	9755̇
1,97	9756	9756	9757	9758	9758	9759	9759	9760	9760	9761
1,98	9761	9762	9763	9763	9764	9764	9765̄	9765̇	9766	9766
1,99	9767	9768	9768	9769	9769	9770	9770	9771	9771	9772
z	0	1	2	3	4	5	6	7	8	9

$$\Phi(-z) = 1 - \Phi(z)$$

Standardnormalverteilung

Verteilungsfunktion Φ : z ⟼ Φ (z)

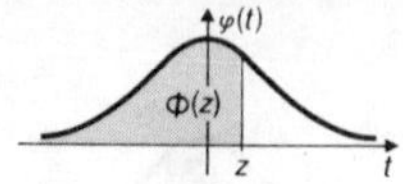

$$\Phi(z) = \frac{1}{\sqrt{2\pi}} \int_{-\infty}^{z} e^{-\frac{1}{2}t^2}\, dt$$

z	0	1	2	3	4	5	6	7	8	9
2,00	0,9772	9773	9774	9774	9775̄	9775̇	9776	9776	9777	9777
2,01	9778	9778	9779	9779	9780	9780	9781	9782	9782	9783
2,02	9783	9784	9784	9785̄	9785̇	9786	9786	9787	9787	9788
2,03	9788	9789	9789	9790	9790	9791	9791	9792	9792	9793
2,04	9793	9794	9794	9795̄	9795̇	9796	9796	9797	9797	9798
2,05	0,9798	9799	9799	9800	9800	9801	9801	9802	9802	9803
2,06	9803	9803	9804	9804	9805̄	9805̇	9806	9806	9807	9807
2,07	9808	9808	9809	9809	9810	9810	9811	9811	9811	9812
2,08	9812	9813	9813	9814	9814	9815̄	9815̇	9816	9816	9816
2,09	9817	9817	9818	9818	9819	9819	9820	9820	9820	9821
2,10	0,9821	9822	9822	9823	9823	9824	9824	9824	9825̄	9825̇
2,11	9826	9826	9827	9827	9827	9828	9828	9829	9829	9830
2,12	9830	9830	9831	9831	9832	9832	9832	9833	9833	9834
2,13	9834	9835̄	9835̄	9835̇	9836	9836	9837	9837	9837	9838
2,14	9838	9839	9839	9839	9840	9840	9841	9841	9841	9842
2,15	0,9842	9843	9843	9843	9844	9844	9845̄	9845̄	9845̇	9846
2,16	9846	9847	9847	9847	9848	9848	9848	9849	9849	985̄0
2,17	985̄0	985̇0	9851	9851	9851	9852	9852	9853	9853	9853
2,18	9854	9854	9854	9855̄	9855̇	9856	9856	9856	9857	9857
2,19	9857	9858	9858	9858	9859	9859	9860	9860	9860	9861
2,20	0,9861	9861	9862	9862	9862	9863	9863	9863	9864	9864
2,21	9864	9865̄	9865̇	9866	9866	9866	9867	9867	9867	9868
2,22	9868	9868	9869	9869	9869	9870	9870	9870	9871	9871
2,23	9871	9872	9872	9872	9873	9873	9873	9874	9874	9874
2,24	9875̄	9875̄	9875̇	9876	9876	9876	9876	9877	9877	9877
2,25	0,9878	9878	9878	9879	9879	9879	9880	9880	9880	9881
2,26	9881	9881	9882	9882	9882	9882	9883	9883	9883	9884
2,27	9884	9884	9885̄	9885̄	9885̇	9885̇	9886	9886	9886	9887
2,28	9887	9887	9888	9888	9888	9888	9889	9889	9889	9890
2,29	9890	9890	9890	9891	9891	9891	9892	9892	9892	9892
2,30	0,9893	9893	9893	9894	9894	9894	9894	9895̄	9895̇	9895̇
2,31	9896	9896	9896	9896	9897	9897	9897	9897	9898	9898
2,32	9898	9899	9899	9899	9899	9900	9900	9900	9900	9901
2,33	9901	9901	9901	9902	9902	9902	9903	9903	9903	9903
2,34	9904	9904	9904	9904	9905̄	9905̄	9905̇	9905̇	9906	9906
2,35	0,9906	9906	9907	9907	9907	9907	9908	9908	9908	9908
2,36	9909	9909	9909	9909	9910	9910	9910	9910	9911	9911
2,37	9911	9911	9912	9912	9912	9912	9912	9913	9913	9913
2,38	9913	9914	9914	9914	9914	9915̄	9915̄	9915̇	9915̇	9916
2,39	9916	9916	9916	9916	9917	9917	9917	9917	9918	9918
2,40	0,9918	9918	9918	9919	9919	9919	9919	9920	9920	9920
2,41	9920	9920	9921	9921	9921	9921	9922	9922	9922	9922
2,42	9922	9923	9923	9923	9923	9923	9924	9924	9924	9924
2,43	9925̄	9925̄	9925̄	9925	9925	9926	9926	9926	9926	9926
2,44	9927	9927	9927	9927	9927	9928	9928	9928	9928	9928
2,45	0,9929	9929	9929	9929	9929	9930	9930	9930	9930	9930
2,46	9931	9931	9931	9931	9931	9931	9932	9932	9932	9932
2,47	9932	9933	9933	9933	9933	9933	9934	9934	9934	9934
2,48	9934	9934	9935̄	9935̄	9935̇	9935̇	9935̇	9936	9936	9936
2,49	9936	9936	9936	9937	9937	9937	9937	9937	9938	9938
z	0	1	2	3	4	5	6	7	8	9

$$\Phi(-z) = 1 - \Phi(z)$$

$$\Phi(z) = \frac{1}{\sqrt{2\pi}} \int_{-\infty}^{z} e^{-\frac{1}{2}t^2} dt$$

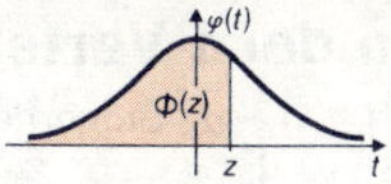

Standardnormalverteilung

Verteilungsfunktion Φ : z ⟼ Φ (z)

z	0	1	2	3	4	5	6	7	8	9
2,5	0,9938	9940	9941	9943	9945	9946	9948	9949	9951	9952
2,6	9953	9955	9956	9957	9959	9960	9961	9962	9963	9964
2,7	9965	9966	9967	9968	9969	9970	9971	9972	9973	9974
2,8	9974	9975	9976	9977	9977	9978	9979	9979	9980	9981
2,9	9981	9982	9982	9983	9984	9984	9985	9985	9986	9986
3,0	0,9987	9987	9987	9988	9988	9989	9989	9989	9990	9990
3,1	9990	9991	9991	9991	9992	9992	9992	9992	9993	9993
3,2	9993	9993	9994	9994	9994	9994	9994	9995	9995	9995
3,3	9995	9995	9995	9996	9996	9996	9996	9996	9996	9997
3,4	9997	9997	9997	9997	9997	9997	9997	9997	9997	9998
3,5	0,9998	9998	9998	9998	9998	9998	9998	9998	9998	9998
3,6	9998	9998	9999	9999	9999	9999	9999	9999	9999	9999
3,7	9999	9999	9999	9999	9999	9999	9999	9999	9999	9999
3,8	0,9999	9999	9999	9999	9999	9999	9999	9999	9999	9999
3,9	1,0000	1,0000	1,0000	1,0000	1,0000	1,0000	1,0000	1,0000	1,0000	1,0000
z	0	1	2	3	4	5	6	7	8	9

Schranken der Standardnormalverteilung

α: Irrtumswahrscheinlichkeit; $1-\alpha$: Sicherheitswahrscheinlichkeit

Einseitige Abgrenzung:

$1-\alpha \mapsto z$; $P(Z \leqq z) = 1-\alpha$

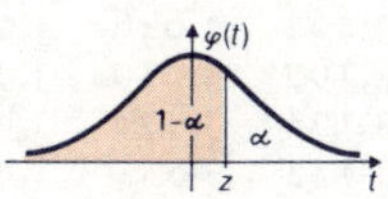

Zweiseitige Abgrenzung:

$1-\alpha \mapsto z$; $P(-z \leqq Z \leqq z) = 1-\alpha$

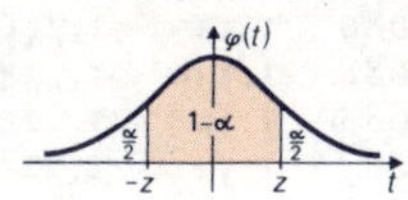

$1-\alpha$	einseitig z	zweiseitig z
0,50	0,0000	0,6745
0,51	0,0251	0,6903
0,52	0,0502	0,7063
0,53	0,0753	0,7225
0,54	0,1004	0,7388
0,55	0,1257	0,7554
0,56	0,1510	0,7722
0,57	0,1764	0,7892
0,58	0,2019	0,8064
0,59	0,2275	0,8239
0,60	0,2533	0,8416
0,61	0,2793	0,8596
0,62	0,3055	0,8779
0,63	0,3319	0,8965
0,64	0,3585	0,9154
0,65	0,3853	0,9346
0,66	0,4125	0,9542
0,67	0,4399	0,9741
0,68	0,4677	0,9945
0,69	0,4959	1,0152

$1-\alpha$	einseitig z	zweiseitig z
0,70	0,5244	1,0364
0,71	0,5534	1,0581
0,72	0,5828	1,0803
0,73	0,6128	1,1031
0,74	0,6433	1,1264
0,75	0,6745	1,1503
0,76	0,7063	1,1750
0,77	0,7388	1,2004
0,78	0,7722	1,2265
0,79	0,8064	1,2536
0,80	0,8416	1,2816
0,81	0,8779	1,3106
0,82	0,9154	1,3408
0,83	0,9542	1,3722
0,84	0,9945	1,4051
0,85	1,0364	1,4395
0,86	1,0803	1,4758
0,87	1,1264	1,5141
0,88	1,1750	1,5548
0,89	1,2265	1,5982

$1-\alpha$	einseitig z	zweiseitig z
0,90	1,2816	1,6449
0,91	1,3408	1,6954
0,92	1,4051	1,7507
0,93	1,4758	1,8119
0,94	1,5548	1,8808
0,95	1,6449	1,9600
0,96	1,7507	2,0537
0,97	1,8808	2,1701
0,98	2,0537	2,3263
0,99	2,3263	2,5758
0,991	2,3656	2,6121
0,992	2,4089	2,6521
0,993	2,4573	2,6968
0,994	2,5121	2,7478
0,995	2,5758	2,8070
0,996	2,6521	2,8782
0,997	2,7478	2,9678
0,998	2,8782	3,0903
0,999	3,0902	3,2907
0,9999	3,7190	3,8908

Beispiele: $P(Z \leqq z) = 0{,}95$; $z = 1{,}6449$ | $P(-z \leqq Z \leqq z) = 0{,}95$; $z = 1{,}9600$

Φ (z)

Schranken der t-Verteilung

α: Irrtumswahrscheinlichkeit; $1-\alpha$: Sicherheitswahrscheinlichkeit

Einseitige Abgrenzung:

$1-\alpha \mapsto t_m;\; P(T \leqq t_m) = 1-\alpha$

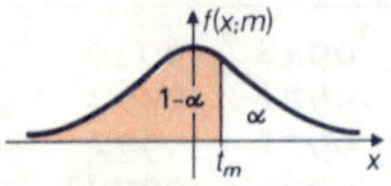

Zweiseitige Abgrenzung:

$1-\alpha \mapsto t_m;\; P(-t_m \leqq T \leqq t_m) = 1-\alpha$

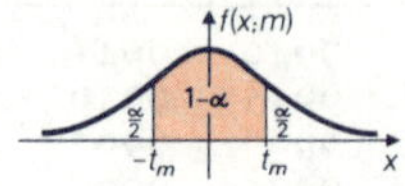

	Sicherheitswahrscheinlichkeit $1-\alpha$ bei einseitiger Abgrenzung									
m	0,750	0,900	0,950	0,975	0,990	0,995	0,9975	0,9990	0,9995	*m*
1	1,000	3,078	6,314	12,71	31,82	63,66	127,3	318,3	636,6	1
2	0,816	1,886	2,920	4,303	$6{,}96\bar{5}$	$9{,}92\bar{5}$	14,09	22,33	31,60	2
3	$0{,}76\bar{5}$	1,638	2,353	3,182	4,541	5,841	7,453	10,21	12,92	3
4	0,741	1,533	2,132	2,776	3,747	4,604	5,598	7,173	8,610	4
5	0,727	1,476	$2{,}01\dot{5}$	2,571	$3{,}36\bar{5}$	4,032	4,773	5,893	6,869	5
6	0,718	1,440	1,943	2,447	3,143	3,707	4,317	5,208	5,959	6
7	0,711	$1{,}41\bar{5}$	$1{,}89\bar{5}$	$2{,}36\bar{5}$	2,998	3,499	4,029	$4{,}78\dot{5}$	5,408	7
8	0,706	1,397	1,860	2,306	2,896	$3{,}35\dot{5}$	3,833	4,501	5,041	8
9	0,703	1,383	1,833	2,262	2,821	$3{,}2\bar{5}0$	3,690	4,297	4,781	9
10	0,700	1,372	1,812	2,228	2,764	3,169	3,581	4,144	4,587	10
11	0,697	1,363	1,796	2,201	2,718	3,106	3,497	$4{,}02\bar{5}$	4,437	11
12	$0{,}69\dot{5}$	1,356	1,782	2,179	2,681	$3{,}05\bar{5}$	3,428	3,930	4,318	12
13	0,694	$1{,}3\dot{5}0$	1,771	2,160	$2{,}6\dot{5}0$	3,012	3,372	3,852	4,221	13
14	0,692	$1{,}34\dot{5}$	1,761	$2{,}14\bar{5}$	2,624	2,977	3,326	3,787	4,140	14
15	0,691	1,341	1,753	2,131	2,602	2,947	3,286	3,733	4,073	15
16	0,690	1,337	1,746	2,120	2,583	2,921	3,252	3,686	$4{,}01\dot{5}$	16
17	0,689	1,333	1,740	2,110	2,567	2,898	3,222	3,646	$3{,}96\dot{5}$	17
18	0,688	1,330	1,734	2,101	2,552	2,878	3,197	3,610	3,922	18
19	0,688	1,328	1,729	2,093	2,539	2,861	3,174	3,579	3,883	19
20	0,687	$1{,}32\dot{5}$	$1{,}72\bar{5}$	2,086	2,528	$2{,}84\dot{5}$	3,153	3,552	$3{,}8\bar{5}0$	20
21	0,686	1,323	1,721	2,080	2,518	2,831	$3{,}13\dot{5}$	3,527	3,819	21
22	0,686	1,321	1,717	2,074	2,508	2,819	3,119	$3{,}50\bar{5}$	3,792	22
23	$0{,}68\dot{5}$	1,319	1,714	2,069	$2{,}\bar{5}00$	2,807	3,104	$3{,}48\bar{5}$	3,768	23
24	$0{,}68\bar{5}$	1,318	1,711	2,064	2,492	2,797	3,091	3,467	$3{,}74\dot{5}$	24
25	0,684	1,316	1,708	2,060	$2{,}48\dot{5}$	2,787	3,078	$3{,}4\dot{5}0$	$3{,}72\dot{5}$	25
26	0,684	$1{,}31\bar{5}$	1,706	2,056	2,479	2,779	3,067	$3{,}43\dot{5}$	3,707	26
27	0,684	1,314	1,703	2,052	2,473	2,771	3,057	3,421	3,690	27
28	0,683	1,313	1,701	2,048	2,467	2,763	3,047	3,408	3,674	28
29	0,683	1,311	1,699	$2{,}04\dot{5}$	2,462	2,756	3,038	3,396	3,659	29
30	0,683	1,310	1,697	2,042	2,457	$2{,}7\dot{5}0$	3,030	$3{,}38\dot{5}$	3,646	30
40	0,681	1,303	1,684	2,021	2,423	2,704	2,971	3,307	3,551	40
50	0,679	1,299	1,676	2,009	2,403	2,678	2,937	3,261	3,496	50
60	0,679	1,296	1,671	2,000	2,390	2,660	$2{,}91\bar{5}$	3,232	3,460	60
70	0,678	1,294	1,667	1,994	2,381	2,648	2,899	3,211	$3{,}43\dot{5}$	70
80	0,678	1,292	1,664	1,990	2,374	2,639	2,887	$3{,}19\dot{5}$	3,416	80
90	0,677	1,291	1,662	1,987	2,368	2,632	2,878	3,183	3,402	90
100	0,677	1,290	1,660	1,984	2,364	2,626	2,871	3,174	3,390	100
200	0,676	1,286	1,653	1,972	$2{,}34\dot{5}$	2,601	2,839	3,131	3,340	200
300	$0{,}67\dot{5}$	1,284	$1{,}6\bar{5}0$	1,968	2,339	2,592	2,828	3,118	3,323	300
400	$0{,}67\dot{5}$	1,284	1,649	1,966	2,336	2,588	2,823	3,111	$3{,}31\dot{5}$	400
500	$0{,}67\bar{5}$	1,283	1,648	$1{,}96\bar{5}$	2,334	2,586	2,820	3,107	3,310	500
∞	0,674	1,282	$1{,}64\bar{5}$	1,960	2,326	2,576	2,807	3,090	3,291	∞
m	0,500	0,800	0,900	0,950	0,980	0,990	0,995	0,998	0,999	*m*
	Sicherheitswahrscheinlichkeit $1-\alpha$ bei zweiseitiger Abgrenzung									

m: Anzahl der Freiheitsgrade

Beispiele: Zur Sicherheitswahrscheinlichkeit 0,99 ergibt sich für $m = 15$ bei einseitiger (zweiseitiger) Abgrenzung die Schranke 2,602 (2,947).

ANHANG: Berechnen von Funktionswerten der Wahrscheinlichkeitsrechnung und Statistik mit einem elektronischen Taschenrechner (ETR)

Rechenlogik und Tastenbezeichnungen

Funktionswerte der Stochastik, die in den vorstehenden Tafeln nicht enthalten sind, lassen sich mit einem Taschenrechner berechnen. Dabei ist die **Rechenlogik** des ETR zu beachten.

Algebraische Rechenlogik (*AL*)
Der ETR rechnet gemäß der Reihenfolge der Eingabe („von links nach rechts").

Algebraische Rechenlogik mit Hierarchie (*ALH*)
Der Taschenrechner berechnet zuerst Funktionswerte, dann Potenzen und Wurzeln, danach Multiplikationen und Divisionen, zuletzt Additionen und Subtraktionen. Innerhalb von Rechenarten derselben Stufe rechnet der ETR gemäß der Reihenfolge der Eingabe.

Tastfolgen und ihre Darstellung

Hintereinander ausgeführte Tastungen sind in Kästchen waagrecht aneinandergereiht; dabei sind Operanden grau unterlegt, Operatoren sind mit ihren Tastensymbolen gekennzeichnet.

Testen der Rechenlogik eines Taschenrechners mit [=]-Taste

Man tastet: | 1 | + | 2 | × | 3 | = |

Ist das Ergebnis 7, so rechnet der ETR $1+2\cdot3 = 7$; er besitzt *ALH*.
Ist das Ergebnis 9, so rechnet der ETR $(1+2)\cdot3 = 9$; er besitzt *AL*.

Die nachstehend aufgeführten Musterbeispiele sind mit einem 8stelligen ETR berechnet, das jeweilige Ergebnis (**E**) ist auf 5 Stellen gerundet. Funktionswerte einer Verteilungsfunktion werden mit Rekursion der Wahrscheinlichkeitsfunktion und saldierendem Speicher oder nach Horner berechnet.

Speichereingabetaste: *ALH*: [STO] ; *AL*: [M]

Speicherausgabetaste: *ALH*: [RCL] ; *AL*: [RM]
(Speicherrückruftaste)

Speicheradditionstaste:
ALH: [SUM] ; *AL*: [M+]
(Vor Gebrauch Speicher löschen!)

Berechnen von exakten Funktionswerten mit Taschenrechner

Binomialverteilung

$\boldsymbol{f_B(5; 23; 0{,}25)} = \binom{23}{5}\cdot 0{,}25^5\cdot 0{,}75^{18}$ $\binom{23}{5} = 33\,649$ (s. S. 26)

ALH: | 33649 | × | 0.25 | y^x | 5 | × | 0.75 | y^x | 18 | = |

AL: | 0.25 | y^x | 5 | × | (| 0.75 | y^x | 18 |) | × | 33649 | = |

E = 0,18526

$\boldsymbol{f_B(40; 150; 0{,}4)} = \binom{150}{40}\cdot 0{,}4^{40}\cdot 0{,}6^{110}$ $\binom{150}{40}$ mit Tafel $n!$ (s. S. 20):

$$\binom{150}{40} = \frac{150!}{40!\cdot 110!} = \frac{5{,}71338\cdot 10^{262}}{8{,}15915\cdot 10^{47}\cdot 1{,}58825\cdot 10^{178}} = \frac{5{,}71338\cdot 10^{37}}{8{,}15915\cdot 1{,}58825}$$

ALH: | 5.71338 | EE | 37 | ÷ | 8.15915 | ÷ | 1.58825 | × | 0.4 | y^x | 40 | × | 0.6 | y^x | 110 | = |

AL: | 0.4 | y^x | 40 | × | (| 0.6 | y^x | 110 |) | × | 5.71338 | EE | 37 | ÷ | 8.15915 | ÷ | 1.58825 | = |

E = 0,00021056

ETR

$F_B(4; 26; 0{,}3) = \mathbf{E} = \sum_{i=0}^{4} f_B(i; 26; 0{,}3); \quad p = 0{,}3; \quad q = 0{,}7; \quad \frac{p}{q} = \frac{0{,}3}{0{,}7} = \frac{3}{7} = u$

Rekursion: $f_B(i+1; 26; 0{,}3) = f_B(i; 26; 0{,}3) \cdot \frac{26-i}{i+1} \cdot u; \quad f_B(0; 26; 0{,}3) = 0{,}7^{26}$

$$\mathbf{E} = \underbrace{0{,}7^{26}}_{f_0} + \underbrace{f_0 \cdot 26u}_{f_1} + \underbrace{f_1 \cdot \frac{25}{2}u}_{f_2} + \underbrace{f_2 \cdot \frac{24}{3}u}_{f_3} + \underbrace{f_3 \cdot \frac{23}{4}u}_{f_4} \qquad f_i = f_B(i; 26; 0{,}3)$$

ALH (≙ AL): [0.7] [y^x] [26] [=] [SUM] [×] [26] [×] [3] [÷] [7] [=] [SUM] [×] [12.5] [×] [3] [÷] [7] [=] [SUM] ①

① [×] [8] [×] [3] [÷] [7] [=] [SUM] [×] [23] [÷] [4] [×] [3] [÷] [7] [=] [SUM] [RCL] **E = 0,073302**

$F_B(9; 26; 0{,}3) - F_B(5; 26; 0{,}3) = P(6 \leq X \leq 9) = \mathbf{E}$; mit Rekursion (s. o.):

$$\mathbf{E} = \underbrace{\binom{26}{6} \cdot 0{,}3^6 \cdot 0{,}7^{20}}_{f_6} + \underbrace{f_6 \cdot \frac{20}{7}u}_{f_7} + \underbrace{f_7 \cdot \frac{19}{8}u}_{f_8} + \underbrace{f_8 \cdot \frac{18}{9}u}_{f_9}; \; u = \frac{3}{7}; \binom{26}{6} = 230\,230 \qquad f_i = f_B(i; 26; 0{,}3)$$

ALH: [0.3] [y^x] [6] [×] [0.7] [y^x] [20] [×] [230230] [=] [SUM] [×] [20] [÷] [7] [×] [3] [÷] [7] [=] [SUM] ①

① [×] [19] [÷] [8] [×] [3] [÷] [7] [=] [SUM] [×] [2] [×] [3] [÷] [7] [=] [SUM] [RCL] **E = 0,60789**

Poissonverteilung

$f_P(6; 4{,}75) = \frac{4{,}75^6}{6!} \cdot e^{-4{,}75}; \quad 6! = 720$ (s. S. 20)

ALH: [4.75] [STO] [y^x] [6] [÷] [720] [×] [RCL] [+/−] [e^x] [=] (statt [e^x] ist [INV] [lnx] möglich)

AL: [4.75] [M] [y^x] [6] [÷] [720] [×] [RM] [+/−] [e^x] [=] **E = 0,13802**

$F_P(5; 7) = \sum_{i=0}^{5} f_P(i; 7); \quad f_P(i; \lambda) = \frac{\lambda^i}{i!} e^{-\lambda}; \quad f_P(i+1; \lambda) = f_P(i; \lambda) \cdot \frac{\lambda}{i+1}; \quad \lambda = 7$

$$\mathbf{E} = F_P(5; 7) = \underbrace{e^{-7}}_{f_0} + \underbrace{f_0 \cdot 7}_{f_1} + \underbrace{f_1 \cdot \frac{7}{2}}_{f_2} + \underbrace{f_2 \cdot \frac{7}{3}}_{f_3} + \underbrace{f_3 \cdot \frac{7}{4}}_{f_4} + \underbrace{f_4 \cdot \frac{7}{5}}_{f_5} \qquad f_i = f_P(i; 7)$$

ALH (≙ AL): [7] [+/−] [e^x] [SUM] [×] [7] [=] [SUM] [×] [7] [÷] [2] [=] [SUM] [×] [7] [÷] [3] [=] [SUM] ①

① [×] [7] [÷] [4] [=] [SUM] [×] [7] [÷] [5] [=] [SUM] [RCL] **E = 0,30071**

AL ohne [M+]: $F_P(5; 7) = \left(1 + 7 + \frac{7^2}{2} + \frac{7^3}{6} + \frac{7^4}{24} + \frac{7^5}{120}\right) \cdot e^{-7}$ nach Horner:

[120] [1/x] [×] [7] [M] [+] [24] [1/x] [×] [RM] [+] [6] [1/x] [×] [RM] [+] [0.5] [×] [RM] ②

② [+] [1] [×] [RM] [+] [1] [=] [×] [(] [RM] [+/−] [e^x] [=] **E = 0,30071**

$F_P(9; 6{,}4) - F_P(5; 6{,}4) = P(6 \leq X \leq 9) = \mathbf{E}$ mit Rekursion (s. voriges Beispiel)

$$\mathbf{E} = \underbrace{\frac{6{,}4^6}{6!} \cdot e^{-6{,}4}}_{f_6} + \underbrace{f_6 \cdot \frac{6{,}4}{7}}_{f_7} + \underbrace{f_7 \cdot \frac{6{,}4}{8}}_{f_8} + \underbrace{f_8 \cdot \frac{6{,}4}{9}}_{f_9}; \quad 6! = 720 \text{ (s. S. 20)} \qquad f_i = f_P(i; 6{,}4)$$

ALH (≙ AL): [6.4] [y^x] [6] [÷] [720] [×] [6.4] [+/−] [e^x] [=] [SUM] [×] [6.4] [÷] [7] [=] [SUM] [×] ③

③ [6.4] [÷] [8] [=] [SUM] [×] [6.4] [÷] [9] [=] [SUM] [RCL] **E = 0,50206**

Approximieren von Funktionswerten

Binomialverteilung durch Standardnormalverteilung (s. S. 37 ... 43)

Die Zufallsvariable X sei binomialverteilt mit $\mu = np$ und $\sigma = \sqrt{npq}$.

Approximationsformeln Ist $npq \geqq 9$, so gilt:

1) $\boldsymbol{P(X = k)} = f_B(k; n; p) \approx \frac{1}{\sigma} \cdot \varphi(z)$ $\qquad z = \frac{k-\mu}{\sigma}$

2) $\boldsymbol{P(X = k)} = f_B(k; n; p) \approx \frac{1}{\sigma} \cdot \varphi(z) \cdot \left[1 + \frac{z}{6\sigma}(p-q)(3-z^2)\right]$ $\qquad z = \frac{k-\mu}{\sigma}$

Korrekturfaktor

3) $\boldsymbol{P(X \leqq k)} = F_B(k; n; p) \approx \Phi(z)$ $\qquad z = \frac{k+0{,}5-\mu}{\sigma}$

4) $\boldsymbol{P(k_1 \leqq X \leqq k_2)} \approx \Phi(z_2) - \Phi(z_1)$; $\qquad z_1 = \frac{k_1-0{,}5-\mu}{\sigma}$; $\quad z_2 = \frac{k_2+0{,}5-\mu}{\sigma}$

5) $\boldsymbol{P(|X-\mu| \leqq c)} \approx 2 \cdot \Phi(z) - 1$ $\qquad z = \frac{c+0{,}5}{\sigma}$

6) $\boldsymbol{P(|X-\mu| > c)} \approx 2 \cdot [1 - \Phi(z)]$ $\qquad z = \frac{c+0{,}5}{\sigma}$

Beispiele für $n = 200$; $p = 0{,}4$; $\mu = 80$; $\sigma = \sqrt{48}$:

1) $\boldsymbol{P(X=75)} = f_B(75; 200; 0{,}4) \approx \frac{1}{\sqrt{48}} \cdot \varphi\left(\frac{75-80}{\sqrt{48}}\right) = \frac{1}{\sqrt{48}} \cdot \varphi(-0{,}72) = \frac{1}{\sqrt{48}} \cdot 0{,}3079$

$\approx \mathbf{0{,}0444}$ (exakt 0,0448)

2) $\boldsymbol{P(X=75)} = f_B(75; 200; 0{,}4) \approx 0{,}0444 \cdot 1{,}00860822$ (mit Korrekturfaktor)

$\approx \mathbf{0{,}0448}$ (exakt 0,0448)

3) $\boldsymbol{P(X \leqq 70)} = F_B(70; 200; 0{,}4) \approx \Phi\left(\frac{70+0{,}5-80}{\sqrt{48}}\right) = \Phi(-1{,}371) = \mathbf{0{,}0852}$ (exakt 0,0844)

4) $\boldsymbol{P(75 \leqq X \leqq 80)} \approx \Phi\left(\frac{80+0{,}5-80}{\sqrt{48}}\right) - \Phi\left(\frac{75-0{,}5-80}{\sqrt{48}}\right)$

$\approx \Phi(0{,}072) - \Phi(-0{,}794)$

$\approx 0{,}5287 - 0{,}2136 = \mathbf{0{,}3151}$ (exakt $0{,}316\overline{5}$)

5) $\boldsymbol{P(|X-80| \leqq 5)} \approx 2 \cdot \Phi\left(\frac{5+0{,}5}{\sqrt{48}}\right) - 1 = 2 \cdot \Phi(0{,}794) - 1$

$\approx 2 \cdot 0{,}7864 - 1 = \mathbf{0{,}5728}$ (exakt 0,5727)

6) $\boldsymbol{P(|X-80| > 2)} \approx 2 \cdot \left[1 - \Phi\left(\frac{2+0{,}5}{\sqrt{48}}\right)\right] = 2 \cdot \left[1 - \Phi(0{,}361)\right]$

$\approx 2 \cdot (1 - 0{,}6410) = \mathbf{0{,}7180}$ (exakt 0,7183)

Binomialverteilung durch Poissonverteilung (s. S. 36)

ETR

Die Zufallsvariable X sei binomialverteilt mit $\mu = np$ und $\sigma = \sqrt{npq}$.

Approximationsformel Ist $p \leqq 0{,}05$ und $n \geqq 50$, so gilt mit $\lambda = np$:

$\boldsymbol{P(X=k)} = f_B(k; n; p) \approx f_P(k; \lambda) = \frac{\lambda^k}{k!} \cdot e^{-\lambda}$

Beispiel für $n = 70$; $p = 0{,}04$: Damit wird $\lambda = 70 \cdot 0{,}04 = 2{,}8$; somit ist:

$\boldsymbol{P(X=5)} = f_B(5; 70; 0{,}04) \approx f_P(5; 2{,}8) = \frac{2{,}8^5}{5!} \cdot e^{-2{,}8} = \mathbf{0{,}0872}$ (exakt 0,0872)

Periodensystem der Elemente

Periode	Hauptgruppen I	Hauptgruppen II	IIIa		IVa	Va	VIa	VIIa	VIIIa	VIIIa	VIIIa	Ia	Ib	III	IV	V	VI	VII	VIII/0	Periode
1	[1] 1,008 H 1 Wasserstoff																		[-] 4,003 He 2 Helium	1
2	[1] 6,94 Li 3 Lithium	[2] 9,013 Be 4 Beryllium												[3] 10,82 B 5 Bor	[4] 12 011 C 6 Kohlenstoff	[5] 14,008 N 7 Stickstoff	[6] 16 O 8 Sauerstoff	[7] 19 F 9 Fluor	[-] 20,183 Ne 10 Neon	2
3	[1] 22,991 Na 11 Natrium	[2] 24,32 Mg 12 Magnesium												[3] 26,97 Al 13 Aluminium	[4] 28,06 Si 14 Silicium	[5] 30,98 P 15 Phosphor	[6] 32,066 S 16 Schwefel	[7] 35,457 Cl 17 Chlor	[-] 39,944 Ar 18 Argon	3
4	[1] 39,096 K 19 Kalium	[2] 40,08 Ca 20 Calcium	[3] 44,10 Sc 21 Scandium		[4] 47,90 Ti 22 Titan	[5] 50,95 V 23 Vanadium	[6] 52,01 Cr 24 Chrom	[7] 54,94 Mn 25 Mangan	[8] 55,85 Fe 26 Eisen	[9] 58,94 Co 27 Kobalt	[10] 58,71 Ni 28 Nickel	[11] 63,54 Cu 29 Kupfer	[2] 65,38 Zn 30 Zink	[3] 69,72 Ga 31 Gallium	[4] 72,60 Ge 32 Germanium	[5] 74,91 As 33 Arsen	[6] 78,96 Se 34 Selen	[7] 79,916 Br 35 Brom	[-] 83,7 Kr 36 Krypton	4
5	[1] 85,48 Rb 37 Rubidium	[2] 87,63 Sr 38 Strontium	[3] 88,92 Y 39 Yttrium		[4] 91,22 Zr 40 Zirconium	[5] 92,91 Nb 41 Niob	[6] 95,95 Mo 42 Molybdän	[7] 99 Tc* 43 Technetium	[8] 101,1 Ru 44 Ruthenium	[9] 102,91 Rh 45 Rhodium	[10] 106,4 Pd 46 Palladium	[11] 107,88 Ag 47 Silber	[2] 112,41 Cd 48 Cadmium	[3] 114,82 In 49 Indium	[4] 118,70 Sn 50 Zinn	[5] 121,76 Sb 51 Antimon	[6] 127,61 Te 52 Tellur	[7] 126,92 I 53 Iod	[-] 131,3 Xe 54 Xenon	5
6	[1] 132,91 Cs 55 Cäsium	[2] 137,36 Ba 56 Barium	[3] 138,92 La 57 Lanthan	*	[4] 178,5 Hf 72 Hafnium	[5] 180,92 Ta 73 Tantal	[6] 183,86 W 74 Wolfram	[7] 186,27 Re 75 Rhenium	[8] 190,2 Os 76 Osmium	[9] 193,2 Ir 77 Iridium	[10] 195,09 Pt 78 Platin	[11] 197,0 Au 79 Gold	[2] 200,61 Hg 80 Quecksilber	[3] 204,39 Tl 81 Thallium	[4] 207,21 Pb 82 Blei	[5] 209 Bi 83 Wismut	[6] 210 Po* 84 Polonium	[7] 211 At* 85 Astatin	[-] 222 Rn* 86 Radon	6
7	[1] 223 Fr* 87 Francium	[2] 226,05 Ra* 88 Radium	[3] 227 Ac 89 Actinium	**	[4] 260 Ku* 104 Kurtschatov-ium															7

Nichtmetalle

Halbmetalle

Metalle

* Lanthanide

Periode														
6	[4] 140,13 Ce 58 Cer	[5] 140,92 Pr 59 Praseodym	[6] 144,27 Nd 60 Neodym	[7] 145 Pm* 61 Promethium	[8] 150,35 Sm 62 Samarium	[9] 152 Eu 63 Europium	[10] 157,26 Gd 64 Gadolinium	[11] 159,2 Tb 65 Terbium	[12] 162,51 Dy 66 Dysprosium	[13] 164,94 Ho 67 Holmium	[14] 167,27 Er 68 Erbium	[15] 169,4 Tm 69 Tulium	[16] 173,04 Yb 70 Ytterbium	[3] 174,99 Lu 71 Lutetium

** Actinide

Periode														
7	[4] 232,05 Th* 90 Thorium	[5] 231 Pa* 91 Protactinium	[6] 238,07 U* 92 Uran	[7] 237 Np* 93 Neptunium	[8] 242 Pu 94 Plutonium	[9] 243 Am* 95 Americium	[10] 245 Cm* 96 Curium	[11] 249 Bk* 97 Berkelium	[12] 249 Cf* 98 Californium	[13] 255 Es* 99 Einsteinium	[14] 255 Fm* 100 Fermium	[15] 256 Md* 101 Mendelevium	[16] 254 No* 102 Nobelium	[3] 257 Lr* 103 Lawrencium

Erläuterungen

[6] 238,07 U* 92 Uran

Die Zahl links oben am Elementsymbol gibt die Atommasse – bezogen auf $^{1}/_{12}$ der Masse des Kohlenstoffisotops ^{12}C – der Isotopenmischung an. Die Zahl links unten am Elementsymbol ist die Ordnungszahl.

* beim Elementsymbol: Alle Isotope dieses Elements sind radioaktiv. Die Zahl im kleinen Kästchen gibt die Zahl der Bindungselektronen an; dies sind diejenigen Elektronen des Atoms, die für chemische Reaktionen einen Platzwechsel ausführen können.

Elemente mit Symbol und Ordnungszahl

Actinium	Ac	89	Cadmium	Cd	48	Fermium	Fm	100	Kalium	K	19	Natrium	Na	11	Promethium	Pm	61	Silber	Ag	47	Wasserstoff	H	1
Aluminium	Al	13	Cäsium	Cs	55	Fluor	F	9	Kohlenstoff	C	6	Neodym	Nd	60	Protactinium	Pa	91	Silicium	Si	14	Wolfram	W	74
Americium	Am	95	Calcium	Ca	20	Francium	Fr	87	Krypton	Kr	36	Neon	Ne	10	Quecksilber	Hg	80	Stickstoff	N	7	Xenon	Xe	54
Antimon	Sb	51	Californium	Cf	98	Gadolinium	Gd	64	Kupfer	Cu	29	Neptunium	Np	93	Radium	Ra	88	Strontium	Sr	38	Ytterbium	Yb	70
Argon	Ar	18	Cer	Ce	58	Gallium	Ga	31	Kurtschato-vium	Ku	104	Nickel	Ni	28	Radon	Rn	86	Tantal	Ta	73	Yttrium	Y	39
Arsen	As	33	Chlor	Cl	17	Germanium	Ge	32	Lanthan	La	57	Niob	Nb	41	Rhenium	Re	75	Technetium	Tc	43	Zink	Zn	30
Astatin	At	85	Chrom	Cr	24	Gold	Au	79	Lawrencium	Lr	103	Nobelium	No	102	Rhodium	Rh	45	Tellur	Te	52	Zinn	Sn	50
Barium	Ba	56	Cobalt	Co	27	Hahnium	Ha	105	Lithium	Li	3	Osmium	Os	76	Rubidium	Rb	37	Terbium	Tb	65	Zirkonium	Zr	40
Berkelium	Bk	97	Curium	Cm	96	Hafnium	Hf	72	Luterium	Lu	71	Palladium	Pd	46	Ruthenium	Ru	44	Thallium	Tl	81			
Beryllium	Be	4	Dysprosium	Dy	66	Helium	He	2	Magnesium	Mg	12	Phosphor	P	15	Samarium	Sm	62	Thorium	Th	90			
Bismut	Bi	83	Einsteinium	Es	99	Holmium	Ho	67	Mangan	Mn	25	Platin	Pt	78	Sauerstoff	O	8	Thulium	Tm	69			
Blei	Pb	82	Eisen	Fe	26	Indium	In	49	Mendelevium	Md	101	Plutonium	Pu	94	Scandium	Sc	21	Titan	Ti	22			
Bor	B	5	Erbium	Er	68	Iod	I	53	Molybdän	Mo	42	Polonium	Po	84	Schwefel	S	16	Uran	U	92	Alle Isotope radioaktiv		
Brom	Br	35	Europium	Eu	63	Iridium	Ir	77				Praseodym	Pr	59	Selen	Se	34	Vanadin	V	23			

Astronomische Einheiten; Sonne, Erde, Mond, Planeten (Beschluß IAU 1976)

Astronomische Einheit: 1 AE = mittlere Entfernung Erde – Sonne = $1{,}4959787 \cdot 10^{11}$ m

Lichtjahr: 1 LJ = 63 275 AE ≈ $9{,}46 \cdot 10^{15}$ m; 1 Parsec = 3,26 LJ ≈ $3{,}09 \cdot 10^{16}$ m

Jahr, siderisches: 365,2564 d — **Monat,** siderischer: 27,3217 d

Jahr, tropisches: 365 d 05 h 48 min 46 s (von Frühlingspunkt bis Frühlingspunkt) — **Monat,** synodischer: 29 d 12 h 44 min 03 s (von Neumond bis Neumond)

Sonne ⊙
Radius: 696 000 km; scheinb. mittl. Radius: ≈ 16′; Horizontalparallaxe: 8,794″
Masse (astron. Masseneinheit) 1 $m_{\odot} = 1{,}9891 \cdot 10^{30}$ kg; Mittl. Dichte: 1,4 kg/dm^3
Schwerebeschleunigung: 273 m/s^2; Temperatur nahe Oberfläche: ≈ 5 700 K
Entfernung Sonne – nächster Fixstern (Proxima Centauri): 4,27 LJ
Entfernung Sonne – Mittelpunkt des Milchstraßensystems: ≈ 30 000 LJ

Erde ♁
Äquatorradius: 6 378,14 km; Mittl. Radius $R_m = (2a + b) : 3$ = 6 371,03 km
Polradius: 6 356,75 km; Abplattung: $(a - b) : a = 1 : 298{,}25$
Masse: $m_♁ = 5{,}974 \cdot 10^{24}$ kg; Schwerebeschleunigung g_n: 9,80665 m/s^2
Mittl. Dichte: ≈ 5,5 kg/dm^3; mittl. Dichte nahe Oberfläche: ≈ 2,6 kg/dm^3
Mittl. Schiefe der Ekliptik (1980,0); 23°26′30,8″, jährl. Abnahme: 0,47″
Solarkonstante: $1{,}39 \cdot 10^3$ J m^{-2} s^{-1} ≈ 1,39 kW m^{-2}

Mond ☾
Radius: 1 738 km; scheinb. mittl. Radius: ≈ 15′30″; mittl. Bahnexzentrizität: 0,055
Masse: $m_☾ \approx 0{,}0123\, m_♁$; Schwerebeschleunig.: 1,62 m/s^2; mittl. Dichte: 3,3 kg/dm^3
Entfernung Mond – Erde: im Mittel 384 000 km ≈ 60,3 Erdhalbmesser

Planeten mit Zeichen		Siderische Umlaufszeit in siderisch. Jahren	Halbe große Achse in AE	Numerische Exzentrizität	Bahnneigung gegen Ekliptik	Äquatorradius in km (rund)	Verhältnis Sonnenmasse / Masse des Planeten
Merkur	☿	0,241	0,387	0,206	7°0′	2 439	6 023 600
Venus	♀	0,615	0,723	0,007	3°24′	6 052	408 523,5
Erde	♁	1,000	1,000	0,017	—	6 378,14	332 946
Mars	♂	1,881	1,524	0,093	1°51′	3 397,2	3 098 710
Jupiter	♃	11,867	5,204	0,048	1°18′	71 398	1 047,355
Saturn	♄	29,638	9,578	0,055	2°29′	60 000	3 498,5
Uranus	⛢	84,52	19,260	0,050	0°46′	25 400	22 869
Neptun	♆	165,087	30,094	0,007	1°46′	24 300	19 314
Pluto	♇	251,370	39,830	0,255	17°08′	2 500 (?)	$3 \cdot 10^6$(?)

Daten für Achse, Umlaufszeit, Exzentrizität, Bahnneigung gelten für 10. 6. 1980

Physikalische Konstanten

Normfallbeschleunigung	g_n	= 9,80665	ms^{-2}
Gravitationskonstante	f, G	= $6{,}6720 \cdot 10^{-11}$	$Nm^2\,kg^{-2}$
Tripelpunkt des Wassers	T	= 273,16	K
Normtemperatur	T_n	= 273,15	K
Molare Gaskonstante	R	= 8,3144	$Jmol^{-1}K^{-1}$
Molares Normvolumen des idealen Gases	V_{mn}	= $22{,}414 \cdot 10^{-3}$	m^3mol^{-1}
AVOGADRO-Konstante	N_A	= $6{,}0220 \cdot 10^{23}$	mol^{-1}
FARADAY-Konstante	F	= 96 484,56	$Cmol^{-1}$
Elektrische Feldkonstante	ε_0	= $8{,}8542 \cdot 10^{-12}$	$AsV^{-1}m^{-1}$
Magnetische Feldkonstante	μ_0	= $4\pi \cdot 10^{-7}$	$VsA^{-1}m^{-1}$
Vakuumlichtgeschwindigkeit	c	= $2{,}99792 \cdot 10^8$	ms^{-1}
PLANCKsches Wirkungsquantum	h	= $6{,}6262 \cdot 10^{-34}$	Js
Strahlungskonstante	σ	= $5{,}6703 \cdot 10^{-8}$	$Wm^{-2}K^{-4}$
BOLTZMANN-Konstante	k	= $1{,}3807 \cdot 10^{-23}$	JK^{-1}

Ruhmasse des Elektrons
$m_e = 9{,}109\dot{5} \cdot 10^{-31}$ kg

Ruhmasse des Protons
$m_p = 1{,}6726 \cdot 10^{-27}$ kg
$= 1836{,}1\, m_e$

Ruhmasse des Neutrons
$m_n = 1{,}6750 \cdot 10^{-27}$ kg

Atomare Masseneinheit
(Atommassenkonstante m_u)
$1\,u = 1{,}6606 \cdot 10^{-27}$ kg

Elementarladung
$e = 1{,}6022 \cdot 10^{-19}$ C

Ruheenergie des Elektrons
$W_e = 5{,}1100 \cdot 10^5$ eV

(Zahlen mit fetter Endziffer sind genau.)

Physikalische Größen im internationalen Einheitensystem (SI-System)

Physikalische Größe (Name)	Formelzeichen	Definitionsgleichung, physikalisches Gesetz	Zeichen der SI-Einheit	(Name)
Länge, Radius, Weglänge	$l; r; s$	Basisgröße	m	(Meter)
Flächeninhalt	A	$A = l^2$ (Quadrat)	m^2	
Rauminhalt (Volumen)	V	$V = l^3$ (Würfel)	m^3	
ebener Winkel, Drehwinkel	φ	$\varphi = l/r$	$m \cdot m^{-1} = rad$	(Radiant)
räumlicher Winkel	Ω	$\Omega = A/r^2$	$m^2 \cdot m^{-2} = sr$	(Steradiant)
Zeit; Periodendauer	$t; T$	Basisgröße	s	(Sekunde)
Frequenz	f	$f = 1/T$	$s^{-1} = Hz$	(Hertz)
Geschwindigkeit	$\vec{v}$	$v = \Delta s/\Delta t \quad (v = \dot{s})$	$m\,s^{-1}$	
Beschleunigung	$\vec{a}$	$a = \Delta v/\Delta t \quad (a = \dot{v} = \ddot{s})$	$m\,s^{-2}$	
Winkelgeschwindigkeit	ω	$\omega = \Delta\varphi/\Delta t \quad (\omega = \dot{\varphi})$	$rad\,s^{-1}$	
Winkelbeschleunigung	α	$\alpha = \Delta\omega/\Delta t \quad (\alpha = \dot{\omega} = \ddot{\varphi})$	$rad\,s^{-2}$	
Masse	m	Basisgröße	kg	(Kilogramm)
Dichte (Stoff homogen)	ϱ	$\varrho = m/V$	$kg\,m^{-3}$	
Impuls	$\vec{p}$	$p = mv; \quad \Delta p = F\Delta t$	$kg\,m\,s^{-1}$	
Kraft	$\vec{F}$	$F = ma \quad (F = m\ddot{s})$	$kg\,m\,s^{-2} = N$	(Newton)
Richtgröße, Federkonstante	D	$D = F/s$	$N\,m^{-1}$	
Druck	p	$p = F/A$	$N\,m^{-2} = Pa$	(Pascal)
Arbeit, Energie	W	$W = Fs \quad (W = \int_{s_1}^{s_2} F\,ds)$	$N\,m = J$	(Joule)
Leistung	P	$P = \Delta W/\Delta t$	$J\,s^{-1} = W$	(Watt)
Gleichförmige Kreisbewegung, ungedämpfte Schwingung				
Kreisfrequenz	ω	$\omega = 2\pi/T = 2\pi f$	s^{-1}	
Bahngeschwindigkeit	$\vec{v}$	$v = r\omega$	$m\,s^{-1}$	
Zentripetalkraft	$\vec{F}_Z$	$F_Z = mr\omega^2 = mv^2/r$	N	
Drehmoment (starrer Körper)	$\vec{M}$	$M = rF \quad (M = J\ddot{\varphi})$	$N\,m$	
Trägheitsmoment	J	$J = mr^2 \quad (J = \sum_i m_i r_i^2)$	$kg\,m^2$	
Drehimpuls	$\vec{L}$	$L = J\omega; \quad \Delta L = M\Delta t$	$N\,m\,s$	
Thermodyn. Temperatur	T	Basisgröße	K	(Kelvin)
Celsiustemperatur	ϑ	$\vartheta = T - 273{,}15\,K; \Delta\vartheta = \Delta T$	$°C = K$	(Grad Celsius)
Wärmemenge	Q	$Q = W$	J	
Stoffmenge	n	Basisgröße	mol	(Mol)
Lichtstärke	I_v	Basisgröße	cd	(Candela)
Lichtstrom	Φ_v	$\Phi_v = I_v \cdot \Omega$	$cd \cdot sr = lm$	(Lumen)
Beleuchtungsstärke	E_v	$E_v = \Phi_v/A$	$lm \cdot m^{-2} = lx$	(Lux)
Brechkraft (f: Brennweite)	D	$D = 1/f$	m^{-1}	
Wellenlänge	λ	Basisgröße Länge	m	
Wellenausbreitungsgeschw.	$\vec{c}$	$c = \lambda f$	$m\,s^{-1}$	
el. Stromstärke	I	Basisgröße	A	(Ampere)
el. Ladung	Q, q	$Q = I \cdot t \quad (Q = \int_{t_1}^{t_2} I\,dt)$	$A\,s = C$	(Coulomb)
el. Spannung	U	$U = W/Q \quad (U = \int_{s_1}^{s_2} E\,ds)$	$J\,C^{-1} = V$	(Volt)
Widerstand (OHMscher)	R, R_Ω	$R = U/I$	$V\,A^{-1} = \Omega$	(Ohm)
Kapazität	C	$C = Q/U$	$C\,V^{-1} = F$	(Farad)
el. Feldstärke (q: Probeladung)	$\vec{E}$	$E = F/q \quad (E = \Delta U/\Delta s)$	$N\,C^{-1} = V\,m^{-1}$	
el. Flußdichte (Verschiebung)	$\vec{D}, \sigma$	$D = Q/A = \varepsilon_o\,\varepsilon_r\,E$	$C\,m^{-2}$	
magn. Flußdichte	$\vec{B}$	$B = F/(Is)$	$V\,s\,m^{-2} = T$	(Tesla)
magn. Feldstärke	$\vec{H}$	$H = B/(\mu_o \mu_r)$	$A\,m^{-1}$	
magn. Fluß	Φ	$\Phi = BA_s; \Delta\Phi = U\Delta t$	$V\,s = Wb$	(Weber)
induzierte Spannung	U_{ind}	$U_{ind} = -n\dot{\Phi}$	V	
Induktivität	L	$L = -U_{ind}/\dot{I}$	$V\,s\,A^{-1} = H$	(Henry)
Aktivität rad. Substanzen	A	$A = \Delta N/\Delta t$	$s^{-1} = Bq$	(Becquerel)
Energiedosis	D	$D = \Delta W/\Delta m$	$J\,kg^{-1} = Gy$	(Gray)
Äquivalentdosis	D_q	$D_q = \Delta W/\Delta m$	$J\,kg^{-1} = Sv$	(Sievert)

Einheitengleichungen

Kraft	N	kp	dyn
1 N = 1 kg m/s² =	**1**	0,10197	$1\cdot10^{5}$
1 kp =	$9{,}8066\mathbf{5}$	**1**	$9{,}8066\mathbf{5}\cdot10^{5}$
1 dyn = 1 g cm/s² =	$1\cdot10^{-5}$	$1{,}0197\cdot10^{-6}$	**1**

Druck	Pa (N/m²)	mbar	at	Torr	atm
1 Pa = 1 N/m² =	**1**	$1\cdot10^{-2}$	$1{,}0197\cdot10^{-5}$	$7{,}5006\cdot10^{-3}$	$9{,}8692\cdot10^{-6}$
1 mbar =	$\mathbf{1}\cdot10^{2}$	**1**	$1{,}0197\cdot10^{-3}$	$7{,}5006\cdot10^{-1}$	$9{,}8692\cdot10^{-4}$
1 at = 1 kp/cm² = (techn. Atmosphäre)	$9{,}8066\mathbf{5}\cdot10^{4}$	$9{,}8066\mathbf{5}\cdot10^{2}$	**1**	$7{,}3559\dot{5}\cdot10^{2}$	$9{,}6784\cdot10^{-1}$
1 Torr =	$1{,}3332\cdot10^{2}$	1,3332	$1{,}3595\cdot10^{-3}$	**1**	$1{,}3158\cdot10^{-3}$
1 atm (phys. Atm.) =	$1{,}0132\mathbf{5}\cdot10^{5}$	$1{,}0132\mathbf{5}\cdot10^{3}$	1,03323	76**0**	**1**

Energie	J (Nm; Ws)	kpm	kWh	kcal	eV
1 J (Nm; Ws) =	**1** (= 10^{7} erg)	$1{,}0197\cdot10^{-1}$	$2{,}7778\cdot10^{-7}$	$2{,}388\overline{5}\cdot10^{-4}$	$6{,}242\cdot10^{18}$
1 kpm =	$9{,}8066\mathbf{5}$	**1**	$2{,}7241\cdot10^{-6}$	$2{,}3423\cdot10^{-3}$	$6{,}121\cdot10^{19}$
1 kWh =	$3{,}\mathbf{6}\cdot10^{6}$	$3{,}6710\cdot10^{5}$	**1**	$8{,}598\overline{5}\cdot10^{2}$	$2{,}246\cdot10^{25}$
1 kcal =	$4{,}186\mathbf{8}\cdot10^{3}$	$4{,}2693\cdot10^{2}$	$1{,}1630\cdot10^{-3}$	**1**	$2{,}613\cdot10^{22}$
1 eV =	$1{,}602\cdot10^{19}$	$1{,}634\cdot10^{-20}$	$4{,}4\dot{5}0\cdot10^{-26}$	$3{,}828\cdot10^{23}$	**1**

Äquivalenz von Masse und Energie ($W = m\,c^2$): 1 kg = $8{,}9876\cdot10^{16}$ J = $5{,}609\overline{5}\cdot10^{29}$ MeV

Leistung	W	kpm/s	kcal/s	PS
1 W = 1 J/s =	**1**	$1{,}0197\cdot10^{-1}$	$2{,}388\overline{5}\cdot10^{-4}$	$1{,}3596\cdot10^{-3}$
1 kpm/s =	$9{,}8066\mathbf{5}$	**1**	$2{,}3423\cdot10^{-3}$	$1{,}3333\cdot10^{-2}$
1 kcal/s =	$4{,}186\mathbf{8}\cdot10^{3}$	$4{,}2693\cdot10^{2}$	**1**	5,69246
1 PS =	$7{,}354987\mathbf{5}\cdot10^{2}$	7**5**	$1{,}17567\cdot10^{-1}$	**1**

Vielfache und Teile von Einheiten

10^{-18}	10^{-15}	10^{-12}	10^{-9}	10^{-6}	10^{-3}	10^{-2}	10^{-1}	10^{1}	10^{2}	10^{3}	10^{6}	10^{9}	10^{12}
a	f	p	n	µ	m	c	d	da	h	k	M	G	T
Atto	Femto	Pico	Nano	Mikro	Milli	Zenti	Dezi	Deka	Hekto	Kilo	Mega	Giga	Tera

Beispiel: 1 Mikrometer (µm) = 10^{-6} m; 1 Nanometer (nm) = 10^{-9} m

Angelsächsische und internationale Einheiten

GB/USA

1 inch (in, Zoll)		=	2,5**4** cm
1 foot (ft)	= 12 in	=	30,4**8** cm
1 yard (yd)	= 3 ft	=	91,4**4** cm
1 mile		=	1 609 m
1 acre		=	4 047 m²

1 ounce (oz)		=	$28{,}3\overline{5}$ g
1 pound (lb)	= 16 oz	=	453,6 g
1 quarter (qu)	= 28 lbs	=	12,70 kg
1 short ton	= 2 000 lbs	=	907,2 kg
1 long ton	= 2 240 lbs	=	1 016 kg

Hohlmaße	**GB**	**USA**
1 pint (liq. pt.)	0,5683 l	0,4732 l
1 quart = 2 pints	$1{,}13\dot{6}5$ l	0,9464 l
1 gallon = 4 quarts	4,5460 l	3,7584 l
1 petroleum barrel	158,99 l	159,11 l
1 dry barrel (bbl)	—	115,63 l

1 geographische Meile	= 7 420 m
1 Seemeile (sm)	= 1 852 m
1 Knoten (kn) = 1 sm/h	= 0,5144 m/s
1 Faden	= 1,829 m
1 Registertonne	= 2,832 m³
1 internat. Karat	= 0,2051 g
1 Feinunze (troy ounce, tr.oc.)	= $31{,}103\overline{5}$ g

(Zahlen mit fetter Endziffer sind genau.)